希伯来文化的传世经典
犹太人的为人处世哲学

钱钱 著

# 犹太人做人做事的经典智慧

犹太民族拥有悠久的历史，是一个古老而伟大的民族；
犹太人骄傲地活着，他们是智慧与财富的化身。

中华工商联合出版社

**图书在版编目（CIP）数据**

犹太人做人做事的经典智慧 / 钱钱著．-- 北京：
中华工商联合出版社，2017.8

ISBN 978-7-5158-2069-9

Ⅰ．①犹… Ⅱ．①钱… Ⅲ．①成功心理-通俗读物
Ⅳ．①B848.4-49

中国版本图书馆 CIP 数据核字（2017）第 188626 号

**犹太人做人做事的经典智慧**

---

**作　　者**：钱　钱
**责任编辑**：吕　莺　董　婧
**封面设计**：信宏博·张红运
**责任审读**：李　征
**责任印制**：迈致红
**出版发行**：中华工商联合出版社有限责任公司
**印　　刷**：
**版　　次**：2018 年 5 月第 1 版
**印　　次**：2022 年 4 月第 2 次印刷
**开　　本**：710mm×1000mm　1/16
**字　　数**：188 千字
**印　　张**：17.5
**书　　号**：ISBN 978-7-5158-2069-9
**定　　价**：45.00 元

---

**服务热线**：010-58301130
**销售热线**：010-58302813
**地址邮编**：北京市西城区西环广场 A 座
19-20 层，100044
**http**：//www.chgslcbs.cn
**E-mail**：cicap1202@sina.com（营销中心）
**E-mail**：gslzbs@sina.com（总编室）



凡本社图书出现印装质量问题，请与印务部联系。
联系电话：010-58302915

# 前　言

## 历经磨难而后生的伟大民族

美国著名作家马克·吐温说过："犹太人的数目还不到人类总数的1%，本来应该像灿烂银河中的一个小星团那样不起眼，但是他们却经常成为人们的话题，受到人们的关注。"

是的，犹太人被尊为财富和智慧的化身。犹太人中产生了很多天才，比如，爱因斯坦、弗洛伊德、卡夫卡、海涅、门德尔松……犹太民族的辉煌成就与犹太人能在苦难中自强不息、奋发前行的精神有很大关系。他们不为艰难所困，不为利益所惑，不为忧患所扰；他们始终把握自己和民族的命运，令民族不断走向优秀并创造奇迹。

本书浓缩了犹太人最重要的做人做事的人生经典智慧，希望读者通过学习犹太人做人做事的方法，得到为人、处世等多方面的智慧，找到属于自己的成功方式，树立起自己的奋斗目标，创造出自己的美好人生！

# 目 录

第一章

# 犹太人的思维经典智慧

# 思考可以改变人生

《塔木德》有言："你只要活着，思考智慧就会永远跟着你。"

很多犹太人之所以能成为享誉世界的财富大亨，与他们思考有很大关系。犹太人的思考既非一种谋生手段，也非一种知识，而是千百年来，他们跳出传统思维模式，创立的一种自己发现问题、解决问题的思考方式。这种方式决定了他们的"钱袋"，成就了他们的财富人生。

犹太人认为，世界上的任何东西都是有价的，都能用钱得到，唯有思考是无价之宝，用金钱买不来。人只有拥有了思考智慧，才能拥有财富、地位，甚至权力。犹太人还认为，思考可以让人"失而复得"，即一个人即使失去一切，但思考正确，思考"对路"，也能"东山再起"，因为思考智慧能让人成才、成功。

有这么一个故事：

战火烧到了犹太人的居住区，城里变成了一片废墟。一个女孩哭着寻找她最爱的东西，妈妈看到后，跑到她身边对她说："孩子，你最宝贵的东西一直都在你自己身上，你无须再寻找什么了。就算战争夺走了我们的家园，我们也不用太难过！金银财宝都是身外之物。人最宝贵的东西是思考，因为思考是与我们的生命紧密相连的。一个人只要活着就有机会将思考智慧无限地运用，而思考正确，人就有了智慧，还怕会没有金钱、没有房子、没有家园吗？所以，我们要带走的只有自己的思考智慧！"

犹太民族"思考术"是引发人们对所谓"不可能"进行的"可能"的探讨，它能让人在走投无路时，成为奇智百出的智者。的确，人拥有了思考智慧，就等于拥有了一切，因为，创造世界的是人，而人创造世界、改造世界靠的是思考智慧。犹太人认为，没有思考智慧的人不会有大成就，没有思考智慧的商人也无法赚到"大钱"。犹太商人最看不起不动脑子的商人，成功的犹太商人大都学识渊博、头脑灵敏，靠思考赚钱。与犹太商人在一起，往往会发现他们除了非常健谈，渊博的知识也总是令人惊叹。正是因为拥有如此渊博的学识和"精明"的智慧，犹太商人在生意场中取得非凡成就，成为公认的"世界第一商人"。

有 3 个人要被关进监狱 3 年，监狱长许诺答应他们每人一个要求。

美国人说他爱抽雪茄，于是要了 3 箱雪茄；法国人最爱浪漫，希望能有一个美丽的女子相伴；而犹太人，只要一部能与外界沟通的电话。

3 年过后，第一个冲出来的是美国人，他嘴里、鼻孔里塞满了雪茄，大喊道："给我火，给我火！"原来他忘了要打火机。

接着出来的是法国人。只见他手里抱着一个小孩，旁边的太太手里牵着一个小孩，肚子里还怀着一个。

最后出来的是犹太人，他紧紧握住监狱长的手说："这 3 年来我每天都与外界联系，我的生意不但没有停顿，利润反而增长了 200%，为了表示感谢，我送您一辆劳斯莱斯！"

这虽然是一则笑话，却可以从中看出犹太人的思考智慧。据有关资料显示，从 1901 年至 2001 年长达一个世纪的时间段中，共有 680 位诺贝尔奖获得者，其中犹太人(或犹太裔)有 152 位，占获奖人数的 22.35%。而全世界犹太人大约 1300 万，占世界总人口不到 0.3%。犹太人凭着过人的思维方式取得了令人瞩目的成就，思考成为他们取得成功的基础。

犹太人说："这世上有三样东西是别人抢不走的：一是吃进胃里的食物，二是藏在心中的梦想，三是读进大脑的书。"这句话体现了犹太人对知识的无限渴望，说明他们将知识视作财富，渴望把自己头脑中的知识变成手中的财富，这也是犹太人过人的思维智慧的体现。

在犹太人看来，知识和金钱是成正比的，因为一个人只有具备广博的知识，善于思考的头脑，才能在复杂的生意场上少犯错误，这是赚钱的根本保证，也是做商人的基本素质。

犹太人大卫·布朗的父亲经营着一家小型齿轮制造厂，几十年来一直经营惨淡，收入仅够维持全家人的生活。布朗的父亲知道自己之所以无法经营好工厂，是因为缺少专业的知识储备，于是把希望全都寄托在了布朗身上。

为此，父亲严格要求布朗，并教会布朗多读书多思考。每逢假日，父亲就带布朗到自己的齿轮厂去，与工人们一样艰苦工作，绝无特殊照顾。布朗在工厂里工作了很长时间，逐渐掌握了很多知识和本领。

长大后的布朗通过观察，发现当时汽车的使用率已经很高，预感到汽车大赛或许会成为人们的一种娱乐方式。于是，他决定利用自己在齿轮业务上积累的经验，朝着赛车生产这个目标去奋斗，大力发展赛车生产。

布朗克服了重重困难，成立了大卫·布朗公司，并不惜重金聘请专家和技术人员进行汽车设计，采用先进的技术和设备进行赛车生产。

1948年在比利时举办的国际汽车大赛中，布朗公司生产的“马丁”牌赛车夺冠，大卫·布朗公司因此一举成名，订单如雪片般飞来，布朗从此走上了发迹之路。

犹太人认为多思考，能让自己走上富裕之路，他们还认为，伤害人们的东西有三：烦恼、争吵、空钱包，尤其以空钱包为最。犹太人热爱财富，但他们更热爱思考如何获得财富的智慧。他们不赞成投机获利，如果你问犹太人什么获利最重要，答案一定是通过正确的思考。因为思考是做事的基础，经商离不开思考，生活也离不开思考。犹太人在长期的为人处世过程中将他们的聪明才智挖掘得深彻透底，将他们创造财富的潜力发挥得淋漓尽致。

有个西班牙商人十分欣赏他的邻居——一个犹太商人的经商智慧，于是努力向犹太商人学习，后来他也取得了不小的成功——他的女式手提包的生意十分红火，在服饰品贸易的经营中站稳了脚跟。

后来，这个西班牙商人发现犹太邻居经营的钻石生意更赚钱，于是也想改行去做钻石生意。不过这个西班牙商人看到身边不少西班牙人经营的钻石生意不景气，为了避免遭受同样的命运，他就向邻居求教。

邻居犹太商人听完西班牙商人的话后，问了他一句：“你知道澳大利亚海域有什么热带鱼吗？”

西班牙商人被这个问题弄晕了，心想，邻居问这个干吗？这和钻石生意有关吗？看到西班牙商人哑口无言的样子，犹太商人语重心长地说：“做钻石生意需要具备丰富的知识，你对钻石的来源、历史、种类和品质都不了解，就不知道如何去经营。而要具备判断钻石价值的基本经验和知识，就要不断地学习和积累，这至少需要20年。所有相关的知识你也要去了解，这样才可以真正培养出看市场的眼光。”

西班牙商人听了，不禁为自己的才疏学浅而羞愧不已。他越发佩服邻居经商的眼光和谋略，同时，也从心里更加佩服邻居。这个西班牙商人自知自己没有钻石方面的积累，很难经营好钻石生意，于是便自觉放弃了从事钻石行业的想法。

可见，若想成为一位成功的商人，除了要让自己成为所在行业的专家以外，还要兼顾其他领域，尽可能多地掌握市场行情，这样才能为今后取得更大的成功奠定基础。

世界是变化的，思考也要经常进行，思考会始终陪伴一个人的一生，人拥有了思考智慧便相当于拥有了人生最大的财富。善于思考、喜好思考的人会发现生活、事业的前进方向，善于思考会让人改变命运，善于思考会让人用自己的智慧为自己的人生“出谋划策”，为成功奠定基础。

## 迎难而上，方法总比问题多

《塔木德》中说："上帝每制造一个问题，也会同时制造3个解决问题的方法。

在生活和工作中，人们会遇到很多问题，有些问题甚至会让人感到无比头疼，还有很多时候，人们会一时找不到合适的解决问题的方法。

方法总比问题多，凡事都有解决的窍门。"这段话说明，问题与解决方法是相伴相生的。然而有些人遇到问题却找不到解决方法，这是为什么呢？不动脑筋、不敢打破常规想问题是关键。

有人曾这样高度评价犹太人的聪明才智："3个犹太人坐在一起，就可以决定世界！"犹太人的聪明才智表现在他们善于运用大脑去寻找解决问题的"钥匙"，从而获得成功。

有一段时间，犹太商人杰恩作为日本凌志汽车在美国南加州的销售代理，遇到了销售难题。人们因为海湾战争和社会稳定问题，拒绝使用日产汽车，杰恩因此面临失去工作的危机。

后来，杰恩放弃了销售人员惯用的做法——在报纸和广播上投放大量的广告，等着人们来下订单，而是经过一番思考后，列出了若干条可以实施的办法，又经过调研，最终确定了其中的一个作为改变销售形势的策略。

杰恩是这样思考的：假设你开过一辆新车，然后再开自己的旧车，你会发现旧车突然之间有了很多让你不满意的地方。或许之前你还可以继续忍受旧车的诸多缺点，但是当你知道了还有更好的车，你会不会决定去买辆新车呢？

杰恩立刻落实他的想法。他吩咐若干销售人员各自开一辆凌志新车到富人常出没的地方——乡村俱乐部、码头、马球场以及比弗利山庄和韦斯特莱克的富人聚会地等，邀请那些富人坐到崭新的凌志车里兜风。很多富人有了新车的美妙体验以后，再坐到自己的旧车里的时候，果然产生了“抵触”意识，于是陆陆续续来购买或租用新的凌志车，杰恩的生意慢慢恢复了正常。

杰恩的方法与在报纸和杂志上投放广告的方法比起来，其效果是立竿见影的。因为在报纸和杂志上投放广告，消费者无法形成直观的认识，对车的优缺点没有切身比较体会。而杰恩正是抓住了解决问题的关键，给消费者一个切身体验的机会，让他们亲身体验新车的各种优势，这样自然达到了更好的“广告效应”。由此可见，无论遇到多大多难的问题，只要打破常规来思考，就一定会抓住解决问题的关键，而善于打破常规思维，就可以获得新方法，即使问题接二连三，多尝试就会迎刃而解。

犹太人善于打破常规想方法，他们解决问题的“窍门”并不是因为犹太人多聪明，而是他们赢在了思考，胜在“我一定行”的自信上，从而巧妙地获取成功。

有这样一个故事：

1956 年，以色列与埃及交战。

以色列军队企图夺取西奈半岛，首要目标是埃及军队的核心要塞——米特拉山口。埃及驻西奈半岛的守军将领十分明白，一旦米特拉山口失守，那么西奈半岛也就难以掌控了。因此，埃及守军将领除了派重兵镇守山口外，还在旁侧地带安排驻军策应，以备不测。“以我们目前的守备力量来看，米特拉山口应该是万无一失了。”镇守山口的埃军各部队首领信心满满。

10 月的一天，米特拉山口的埃军阵地上空，突然出现了 4 架以色列野马式战斗机。“不好，敌人要来偷袭我们。全体进入阵地，准备战斗！”指挥员下达了作战命令。埃军士兵纷纷进入掩体，举起自动步枪，架起高射机枪，准备射击。可是，以色列战斗机并没有对埃军阵地进行机枪扫射，也没有投下炸弹。它们轰鸣着，一会儿猛地掠地俯冲，一会儿又直插云霄；低飞时距地面不过4米高，升起时又不见踪影。埃军官兵目瞪口呆，不明白以色列战斗机到底要干什么。

“别傻看了，快打电话向上司报告吧！”不知是谁提醒了一句，于是埃及官兵慌忙摇起电话，准备向上司报告。可是摇了半天，电话机里就是听不到声音。“天哪，那几架飞机把我们的电话线给割断了！这可怎么办呢？”

原来，以军用飞机的螺旋桨和机翼将埃军的电话通信线切断了。埃军官兵一下子陷入了极大的惊慌之中。

这时，一场大战开始了……

在埃军整个处于高度戒备状态准备奋力迎战时，以色列军队只用了4架战斗机就巧妙地切断了埃军的电话线，使他们失去了联络，失去了外援，获胜的概率小了很多。这样一个很简单的故事，意义却非凡。战场上，两军对阵，短兵相接、真枪实战可能无法取胜，这时候就需要开动脑筋找“窍门”了。

困难、问题随时都可能出现，有困难、有问题并不可怕，困难、问题面前不要逃避，一定要正视，开动脑筋，找解决方法。问题若不解决，小问题也会引爆大危机。所以，问题面前思考尤为重要。而在犹太人看来，若不经过深思熟虑的思考就去行事或解决困难问题，则是最不可取的。犹太人在遇到难题或瓶颈时，常尝试以下三种方法：

**(1)转换问题的定义**

遇到问题时不要太过沮丧，更不要太快放弃。不要把时间浪费在抱怨上，要专注地思考问题的根源、性质，同时以不同视角想问题，答案及方法自然就不同了。所以，遇到困难、问题时，换个立场、转个角度想一想，就能提升看待问题的层次、视野及境界，有助于走出“盲点”。

**(2)寻求他人的帮助**

必须打破“不有求于人”的心理障碍，学会求助是人生大智慧。多向人“求援”，自然多一些“出路”。一百个人想问题，有一百种解决的方法。很多成功人士都是借助他人的智慧登上事业顶峰的。

**(3)不“钻牛角尖”**

遇到困难、问题不钻“牛角尖”，暂时冷静一下，让自己有思考的时间，这是不在问题中迷失的最好方法。在问题“战争”中，你和问题只能“存活”一个，因此要全力面对，开发最大的智慧潜能，将问题、困难转化为机会，化危机为转机。

有困难必定有克服困难的办法。常言道：山重水复疑无路，柳暗花明又一村。人无论遇到什么样的困难，总有办法能够解决。生活、事业其实都是解难题，解开一个难题，就向前迈进一步；一时解不开，或许要停顿一下，但终归要解决。所以常思考，常整理思路，能更好地解决难题、向前迈进。

人需要有迎难而上的精神，需要有着力寻找解决问题的意识，需要勤于动脑、善于学习、了解新知识、掌握新技术，努力提高自己运用新方法的水平，需有在困难面前永不言败的信心，需要有心理制胜、让问题到己为止的人生信仰。人的智慧是巨大的，主动找方法能使人脱颖而出，干出一番事业。有人说“问题高一尺，方法就高一丈”，世上虽然有很多需探索的事业，但大多数问题仍可解决。困难、问题最怕“我一定行”的人，因为办法肯定会比困难多。

# 有一种智慧叫思想解放

《塔木德》说：“水因地而致流，兵因敌而致胜，商因机而致富。”

中国《易·系辞上》也有与《塔木德》相通之语：“变通莫大乎四时。”即依据不同情况，作灵活的变通。生活中、事业中，做人做事灵活变通是十分必要的。因为任何事物的发展都不是一条直线，一个不善变通、“一根筋”的人只会四处碰壁，达不到自己的目的。

很多年以前，一位犹太商人对他的儿子说：“现在我们唯一的财富就是智慧，当别人说一加一等于二的时候，你应该想到一加一大于三。”

1946 年，这位犹太商人一家来到美国，在休斯敦做铜器生意。一天，父亲问儿子一磅铜的价格是多少，儿子答35美分。

父亲说："对，整个得克萨斯州都知道每磅铜的价格是35美分，但作为犹太人的儿子，应该认为是3.5美元，不信，你试着把一磅铜做成门把手看看。"

20年后，父亲死了，儿子独自经营着铜器店。他做过铜鼓，做过瑞士钟表上的弹簧片，做过奥运会的奖牌，他后来把一磅铜卖到3500美元，这时他已是麦考尔公司的董事长。然而，真正使他扬名的却是他把纽约州的一堆"垃圾"变废为宝。

1974年，美国政府为清理给自由女神像翻新扔下的废料，向社会广泛招标。但好几个月过去了，一直没人应标。后来，正在法国旅行的那位犹太人的儿子听说后，立即飞往纽约。看过自由女神像下堆积如山的铜块、螺丝和木料后，他未提任何条件，当即就签了字应了标。

纽约许多运输公司对他的这一"愚蠢"举动暗自发笑，因为在纽约州，垃圾处理有着严格的规定，弄不好会受到环保组织的起诉。然而他并没有理会他人的"嘲笑"，而是迅速组织工人对废料进行分类。

他让人把废铜熔化，铸成小自由女神像；把水泥块和木头加工成底座；把废铅、废铝做成形似纽约广场的钥匙链；他甚至把从自由女神像身上扫下来的灰包装起来，出售给花店。不到3个月的时间，他把这堆废料变成了350万美元现金，每磅铜的价格整整翻了10000倍！

灵活变通的经商原则让故事中的犹太人赚得盆满钵满，而犹太人在做生意时不一味地固执己见，以“变”达到“通”的思维，显示出了他们极强的思想解放能力。灵活变通，必须要有严密的逻辑思维能力。有句话说“穷则思变”，实际上，富也要“思变”。因为一个人若善于变通，往往就能在“变”的时候，发现机会，抓住机会，并利用机会。

一个犹太人走进纽约一家银行的贷款部，坐下来。

“请问我能帮上您什么忙吗？”贷款部经理一边问，一边打量着这位一身名牌穿戴的人。

“我想借钱。”

“好啊，您要借多少？”

“1 美元。”

“啊？只借 1 美元？”

“是的，只借 1 美元。可以吗？”

“当然可以，只要有担保，再多点儿也无妨。”

“好吧，这些担保可以吗？”犹太人说着，从豪华的皮包里取出一堆股票、国债等，放在经理的写字台上，接着说，“总共 50 万美元，够了吧？”

“够！够！不过，您真的只借 1 美元吗？”

“是的。”

“年息为6%。只要您付出6%的利息，一年后归还，我们就会把这些股票和国债还给您。”

“谢谢。”犹太人接过了1美元贷款，然后，准备离开银行。

银行行长一直在旁边冷眼观看，他怎么也弄不明白，拥有50万美元的人，怎么会来银行借1美元？他走上前去，拦住犹太人对犹太人说：“这位先生……”

“有什么事吗?”

“我有个问题想请教您一下。我实在想不明白，您拥有50万美元，为什么只借1美元呢？要是您想借三四十万美元的话，我们也会很乐意……”

“不必了。我来贵行之前，问过好几家银行，他们保险箱的租金都很昂贵。所以嘛，我就准备在贵行寄存这些股票、国债。贵行的租金实在太便宜了，一年只需要花6美分。”

这个故事虽然听起来令人觉得有些荒唐，却反映出了这个犹太人很强的变通能力。依照常理，贵重物品应该保存在金库的保险箱里，然而这个犹太商人没有受限于常情常理，而是独辟蹊径，找到了既保险又不需付出太多就能让贵重物品锁进银行保险箱的办法。

故事中的犹太人太聪明，也太精明，他把1美元的价值运用到极大。同时，他又是个守规矩、不触犯法律条文的人，他能在不改变原则的前提下，灵活地让原则为己所用。

做一个精明的商人，头脑灵活，善于变通是必须的，只有这样，他才能看到直中有曲，曲中有直，并能不失时机地把握事物迂回发展的规律，通过迂回应变，达到既定目标，为自己谋取最大的利益。犹太人的灵活变通智慧，为他们带来了很多实际的利益。

有这样一个笑话：

伊万酒兴大发，便向村里的一个犹太人借了一枚银币。他们双方商量了条件：伊万明年还两个银币，在此期间伊万需要把自己的斧子抵押给犹太人。

伊万刚要走，犹太人叫住了他："伊万，等一等，我想起一件事，我觉得到明年要凑足两个银币对你来说有些困难，你现在先付一半不是更好吗？"

这话使伊万"开了窍"，他将到手的那枚银币还给了犹太人，然后回家了。

走在路上，伊万觉得不对，想了一阵子，然后自言自语地说："怪事，银币没借着，斧子抵押了，明年我还欠一枚银币——可是那犹太人说的话却蛮有道理的呀。"

犹太人的“变通”能力从上面这个笑话中可见一斑。犹太商人善于应变的能力让他们在商场中如鱼得水，屡战屡胜。他们讲“变通”，不从一个角度看问题，而是时常变换角度，最终找到合理的解决方法，从而为自己赢得更大收益。《塔木德》中说：“成功没有捷径可走，却可以有很多路径供人选择。”善于变通的人，不固执己见，不束手无策，不坐以待毙，他们会变通自己的思想和态度，甚至能把“对手”变为朋友，他们永远不会把自己逼至墙角。

2001 年 5 月的一天，美国一位名叫乔治・赫伯特的推销员，成功地把一把旧斧子推销给了布什总统，从而获得布鲁金斯学会的“金靴奖”。

布鲁金斯学会的“金靴奖”相当于推销界的“奥斯卡”，在乔治得奖之前，它的得主已空缺了 26 年。

克林顿当政期间，该学会推出了一个题目：请把一条三角内裤推销给现任总统。8 年间，无数学员为此绞尽脑汁，最后却都无功而返。克林顿卸任后，该学会把题目换成：请把一把斧子推销给布什总统。

很多人照着以前的思路，认为当今总统什么也不缺，即使缺什么，也用不着亲自去购买；退一万步说，即使总统亲自买，也不一定正赶上你去推销的时候。

这件在其他人看来不可能做到的事，乔治・赫伯特却做到了。乔治·赫伯特给布什总统写了一封信，信中写道："有一次，我有幸参观了您的农场，发现里面种着许多树，有些已经死掉，木质已经变得松软。我想，您一定需要一把斧子，但是以您现在的身体来看，小斧子显然太轻，因此您需要一把不甚锋利的老斧子。现在我这儿正好有一把，它是我祖父留给我的，很适合砍伐枯树……"

后来，乔治收到了布什总统15美元的汇款，他也获得了刻有"伟大的推销员"字样的一只金靴子。

有些时候，变换思路非常重要，因为懂得变通的人往往更能获得成功。

善于变通与勤于思考是密不可分的。也许有时会突然灵光一现，一个好方法瞬间闪现，但这毕竟不是常有的事。思考是变通的基础，人只有让自己的大脑常常处于思考的状态，才能训练自己具有"解放"的思维，独辟蹊径。如果一个人不勤于思考，总安于现状，或凡事照搬自己以往或别人的经验，遇到挫折与困难时就坐等"援兵"，那么他就不是一个主动思考、善于变通的人。

有时候，人们在做一件事情时经常会因为方法不当而走入"死胡同"。这时候，如果转换一下思路，或许就能让"死胡同"变成通途。然而，有的人不知道如何转变，只是一味地按照原来的思路走，这样就容易让自己的路越走越窄，甚至出现无路可走的情况。

在微软，每一次面试通常都会有多位微软的面试官参加。每一位面试官都要事先被分配好任务，比如，有的人会出智力方面的问题，有的人会考应聘者的反应速度，有的人会测试应聘者的创造力及独立思考的能力，有的人会考察应聘者与人相处的能力及团队精神，还有的人会深入地问一些有关研究领域或开发能力的问题。在测试独立思考和善于变通的能力时，考官会问以下一类的问题：

请评价微软公司电脑的人机界面。

为什么下水道的盖子是圆的？

请估计一下某地共有多少家加油站。

这些问题不一定有正确的答案，却可测出一个人的思维解放与独立思考的能力。这类题每个人都可以轻松地回答出来，但要答好却非常不容易，而且这类题目事先是无法准备的。

当然，灵活变通并不是投机取巧，要小聪明；善于变通的人，也不是圆滑、不负责任的人。一个人能够使难成之事最终做成，让自己的人生旅途顺畅，就一定要学会变通技巧。变通，能够让人在紧要关头化险为夷；变通，能够让人在社交场中事事如意，灵活应对。

善于变通的人，“变”带来的是成功，是发展；不善于变通的人，带来的是故步自封，是僵化，甚至是消沉、死亡。“变通”一词，先有“变”后有“通”，因为只有“变”才能“通”。所以，让我们学会变通、善于变通吧，它将使我们眼前的路更宽，使我们头上的天更广！

# 创新能力改变世界

《塔木德》说："开锁不能总用钥匙，解决问题不能总靠常规的方法。"

犹太人认为创新才能改变世界。而开锁不能总用钥匙，这句话来源于一个古老的故事。

从前有一个犹太富翁，他有两个儿子。儿子大了，犹太富翁也老了。富翁开始苦苦思索，到底让哪个儿子继承遗产。

富翁始终拿不定主意，一天，想起自己年轻时白手起家，他忽然灵机一动，找到了考验儿子们的好办法。

某一天，富翁锁上大宅门，把两个儿子带到100公里外的一座城市，富翁交给两个儿子一人一大串钥匙、一匹快马，许诺谁先回到家，并把大宅门打开，就让谁继承遗产。

马跑得飞快，兄弟俩几乎是同时回到家的。但是面对紧锁的大门，两个人都犯愁了。哥哥左试右试，慌乱地从一大串钥匙中寻找最合适开锁的那把；弟弟呢，由于他刚才尽顾着赶路，钥匙不知什么时候丢了。两个人面对大门，都急得满头大汗。

突然，弟弟一拍脑门，有了办法，他找来一块石头，几下子就把锁砸开，顺利地进去了。最后，财产继承权落在了弟弟手里。

在一般情况下，按常规办事并没有错。但是，当常规已经不适应变化了的新情况时，就应解放思想，打破常规，大胆创新，这样才能独辟蹊径。

心理学研究表明，人们平时所使用的智力，只是人们所具有智力的2%～5%。这说明人要有打破常规的创造性思维。只有这样，人才可能把狭隘心理转变为开放心理，把“一根筋”转变为多角度思考，在近乎绝望的困境中找到信心，找到希望，创造出新的生机，获得出人意料的胜利。

怎样才算打破常规呢？《伊索寓言》里的一个小故事给了我们一个形象的说明。

在一个暴风雨的日子，有一个人到一户人家讨饭。

这人说："只要让我进去，在你们的火炉旁烤干衣服就行了。"那户人家让他进去了。

这人在烤衣服时，请求厨娘给他一个小锅，以便他可以煮点儿石头汤喝，因为他实在太饿了。

"石头汤?"厨娘感到很奇怪，"你能把石头做成汤?"她拿出一个小锅。那人到院里捡了块石头，洗净后便放在锅里加水煮。

"你放点儿盐吧。"厨娘看着锅里的石头说。她撒了一些盐在锅里，后来又放了一点豌豆、薄荷、香菜进去，最后，又找了些碎肉末放在汤里。

当然，你也许能够猜到，这个人后来把那块石头捞出来扔回院里，美美地喝了一锅肉汤。

**如果这人刚开始便对那户人家说："行行好吧！请给我一锅肉汤。"他会得到什么结果呢？很大的可能是，他什么也得不到。但这人以不同寻常的做法为自己赢得了所需要的"东西"。由此可见，打破常规或许不需要有天才的头脑，但需要有智慧的变通方法。**

保加利亚队与捷克斯洛伐克队在欧洲进行一场篮球锦标赛。当比赛只剩下 8 秒钟时，保加利亚队以 2 分领先，一般说来，此时保加利亚队已稳操胜券。但是，此次比赛采用的是循环制，保加利亚队必须赢球超过 5 分才能取胜。可要用仅剩的 8 秒钟再赢 3 分，谈何容易?

这时，保加利亚队的教练突然请求暂停比赛。许多人对此举付之一笑，认为保加利亚队大势已去，被淘汰是不可避免的，教练即使有回天之力，也很难力挽狂澜。

可是，当比赛重新开始时，球场上发生了意想不到的事情。只见保加利亚队拿球的队员突然运球向自家篮下跑去，并迅速起跳投篮，球应声入网。这时，全场观众目瞪口呆，哨声一响全场比赛时间到。

当裁判员宣布双方打成平局需要加时赛时，大家才恍然大悟。保加利亚队这出人意料之举，为自己创造了一次起死回生的机会。结果加时赛时，保加利亚队领先对手6分，如愿以偿地出线了！

保加利亚队教练没有受思维定式的束缚，巧妙地从传统思维的枷锁中跳了出来，往自己的篮筐里投球，获得加时赛的机会，最后赢得了胜利。

经验固然重要，但不固守经验，往往能获得更多成功的机会。人在实践中，要善于打破常规思维的束缚，把灵活变通当作一种优秀的习惯，这对于一个人的成败具有非凡的意义。

美国加州有一家老牌大饭店，该饭店的电梯过于狭小老旧，已经无法适应越来越多的客流。于是，饭店老板准备为饭店配备一部新电梯。

老板请来全国一流的建筑师和工程师，请他们一起探讨该如何安装电梯。这些建筑师和工程师的经验都很丰富，他们足足讨论了半天，最后得出一致结论：饭店必须停业半年，这样才能在每个楼层打洞，以便安装电梯。

“除此之外就没有其他办法了吗?”老板皱着眉头说，“要知道，停业半年会损失很大数量的营业额。”

但建筑师和工程师们坚持认为这是最好的方案。就在这时，饭店里的一位清洁工刚好经过，听到他们的话，说：“要是我，就会直接在屋外装上电梯。”

所有的人都被清洁工的话震惊了，老板记住了这句话。第二天，饭店就开始在楼外面安装新电梯。这在建筑史上，也是第一次把电梯安装在室外。

人的创新能力可以说是最伟大的奇迹。一个人每天都会做出许许多多的创新决定，而每次创新都是深思熟虑后的结果。大胆尝试新方法，虽然有些新方法不能“药到病除”，但是尝试得越多，成功的概率就会越大。

# 登多高的山，看多远的风景

《塔木德》说："要承受发生的事情，要忍耐贫穷带来的变故。"

从生理学上说，人具有一种与生俱来的承受力，这种承受力是个体对逆境引起的心理压力和负面情绪的承受与调节的能力，主要是对逆境的适应力、容忍力、耐力、战斗力的强弱，大到可以战胜各种艰难困苦。人具有一定的心理承受能力是个体良好的心理素质的重要组成部分。

曾有一个犹太人被问到成功的秘诀，他笑着说："没有什么所谓的秘诀和技巧，如果非要一个答案的话，我只能真诚地告诉你五个字，那就是——承受力要大。"

冒多大的险，成多大的事；登多高的山，看多远的风景。倘若担心自己无法承受磨难而不付诸行动，那样虽然没有痛苦，但也永远无法登上成功之巅。承受力是成就大事者必须具备的能力，因为风险随时都有可能存在。如果前怕狼，后怕虎，没有一点儿承受力，那么一遇到困难肯定中途就会止步了。

有一位犹太人被抓进了纳粹集中营，他的生存状况无比艰辛，但他凭着顽强的承受力活了下来。

他天天刮胡子，目的让自己看起来精神，即使有些时候找不到刮胡子的工具，他拿块碎玻璃也要刮胡子。终于，他等到了战争结束的那一天，他活了下来。

人内心具有强大的承受力，就能在遇到挫折的时候，雄心不减，永远向前，遇到困难不失望、不放弃，坦然面对，寻求解决方法。承受能力是人一种很重要的心理素质，心理承受能力的高低对人的生活态度和行为有着很大的影响，在某种程度上甚至决定着人一生的命运。如果一个人总悲观失望，不停地怀疑自己的能力，那么说明他的承受能力还不够强。一个人可以怀疑自己的选择，但是不能怀疑自己的能力。选择错了，可以从头再来，但是要把自己彻底否定了，人生便没有成功的希望了。

富兰克林的第一篇电学论文曾被科学权威不屑一顾，皇家学会刊物也拒绝刊登；第二篇论文也遭到皇家学会的嘲笑。

富兰克林只好找朋友们帮忙出版自己的论文，出版后又因论点与皇家学院院长的理论针锋相对，富兰克林遭到这位院长的人身攻击。但富兰克林没有被攻击所吓倒，他没有放弃自己的科学信念，而是更积极地投身于实验，以实践来证明自己的理论，最终获得成功。

后来，富兰克林的著作被译成了德文、拉丁文、意大利文，得到了全欧洲的认可。

常言说："水激石则鸣，人激志则宏。"恶劣的环境不可怕，险恶的挫折也不可怕，最可怕的是人丧失了承受苦难、坎坷后奋发图强的心理素质。所以说，要想成功，要想成为有本领的人，就必须锻炼自己，使自己拥有比常人更强的承受能力。

事实上，人的承受能力具有很大的可塑性，不同的人对挫折的承受能力是存在差异的。如何提高承受力，除了培养自己的宽广心胸外，不给自己逃避的空间，及时迅速地为自己减压，有目的地进行心理训练，都能提高承受能力。

## 夫唯不争，故天下莫能与之争

《塔木德》说：“尽量隐藏自己的优点和功绩。这是人的众多优良品格之一。”

低调，是犹太人成功的原因之一。中国古代哲学家老子对低调如此阐述：“上善若水，水善利万物而不争，处众人之所恶，故几于道。”水是柔弱的，但它能以柔弱而摧败天下至坚的物质，这是它的自然之性，水的属性正说明低调的重要性。

美国开国元勋之一的富兰克林年轻时，去一位老前辈的家中做客。他昂首挺胸地走进一间低矮的小茅屋，一进门，“嘭”的一声，他的额头撞在了门框上，青肿了一大块。

老前辈笑着出来迎接说：“很痛吧？你知道吗？这是你今天来拜访我最大的收获。一个人要想洞明世事、练达人情，就必须时刻记住

'低头'。"

从此，富兰克林将"低头"的哲理牢记在心，后来，他取得了巨大的成功。

俗话说：低调做人，高调做事。低调，表现在平时做事踏踏实实，认真勤勉，不张扬，不炫耀，不争强好胜，不抢风头。

俗话说：暴露在外的椽子先腐烂。低调，是一种品格，一种姿态，一种风度，一种修养，一种胸襟，一种智慧，一种谋略，是做人的最佳姿态。许多果木根基稳固而不张扬，方能枝繁叶茂，硕果累累；倘若根基浅薄又出头炫耀，便难免枝衰叶弱，不禁风雨。

低调是人在社会上加固立世根基的绝好姿态，不仅可以保护自己，尽快融入人群与人们和谐相处，也可以让自己暗蓄力量、悄然潜行，在不显山不露水中成就事业。一个人在社会上，如果总过分张扬、卖弄，那么不管多么优秀，都难免会遭到"明枪暗箭"的打击和攻讦，即使不会受到打击和攻讦，优秀也做不到长久，因为骄傲会打败他，不可一世的自负会打败他。所以，人在生活中要常修炼自己，让心态低调，行为低调，言辞低调，这样，才能正确认识自己，才能在生活中提高自己，让自己有所发展。

低调也是生存竞争的大谋略。低调的人生态度比高调的人生态度更为难得；低调的姿态比张扬的姿态更富有魅力；低调的处世方法比锋芒毕露地处世更容易实现目标！低调是人们生存和发展的资本，即使你认为自己满腹才华，能力比别人强，也要学会“藏拙”，这样才能在竞争激烈的社会中走上通往成功的阳光大道。

## 低头便见水中天，退步原来是向前

《塔木德》说："用争夺的方法，你永远得不到满足；但用让步的方法，你得到的可能比你期望的更多。"

以退为进方能更进一步，这是犹太人的处世哲学。他们认为，如果事事斤斤计较，强强对抗，势必两败俱伤，而采取"妥协"、暂时退让的方法，等待时机谋取双赢或更大的利益才是合作或做生意的目的。

投资大鳄索罗斯说："如果你的表现不尽如人意，首先要采取的行动是以退为进，而不要铤而走险。"人退一步海阔天空，当做出退步决定的时候，往往正是向前迈进的开始。

在欧洲，强烈的反犹太政策没能阻挡住罗斯柴尔德家族前进的步伐。当奥地利面临财政困难时，罗斯柴尔德家族看准时机与政府谈判。经过艰难的谈判，奥地利政府不得不答应让罗斯柴尔德家族进军奥地利。罗斯柴尔德这个犹太人终于“攻占”了奥地利这块坚硬的“生意冻土带”。

原来，当老罗斯柴尔德准备将经营范围扩大到法国以外的地域时，奥地利便是他的目标之一。罗斯柴尔德家族在选择谈判人选上颇费苦心：既不让才干非凡却稍嫌莽撞的长子尼桑去，也不让英俊机智的五子杰姆斯去，却派了为人谦恭憨厚朴实的次子萨洛蒙只身前往维也纳。

萨洛蒙是一个谦谦君子，亲切和蔼，彬彬有礼，他奉行的为人原则是：心胸宽广，该让就让，以退为进。

萨洛蒙从募集奥地利国家公债着手，并为公债附上新的形式，使得公债具有很高的回报率。

奥国反对派群起反对，并发起了抵制运动。萨洛蒙小心翼翼，他不触动反对派的利益，以忍让为主，对反动派的议论一句话也不反驳。他只是不停地在报纸上展示公债发行的经济收益宣传，让公众明白这是有利可图的好事情，鼓励公众购买。

萨洛蒙牢牢地抓住公众的“收益心理”，他所制定的一切措施都以激发公众的投资欲望为目的。萨洛蒙甚至以家族的名誉做担保，逐渐赢得了公众的信任。

随之而来的是国家公债的暴涨。奥地利政府对萨洛蒙的所为非常满意，公众也获得了实际利益，一些抵抗最终变为拥护。当然，获利最丰的仍是罗斯柴尔德家族，他们收到了公债发行的承办手续费和公债暴涨的巨额利润。

奥地利政府、罗斯柴尔德家族、奥地利民众，三方皆大欢喜。

人们在谈及成功之道时，通常更多地强调收益的多少，很多人甚至为了利益“勇往直前”“不择手段”。其实，一味地“猛冲猛打”追逐利益未必是最好的方法，对于利益一定要“取之有道”，这个过程太体现智慧了，因为，以退为进是一种谋取利益最大化的策略。

退让不代表懦弱和胆怯，更不是无能的表现。相反，退让有时是一种前进，比如上面故事中的罗斯柴尔德家族，他们即使谈如此重要的生意，依然表现出以退为进的坦然胸襟。因为他们相信，退让是为了更进一步。犹太人在为人处世时很少与他人进行激烈的正面交锋，当产生矛盾时，他们往往主动退让，因为他们认为“转个弯”“绕些路”，世界还是一样，而自己会有更宽广的发展空间，他们真正懂得以退为进的道理。

当年肯尼迪在竞选美国参议员的时候，他的竞选对手在最关键的时候抓到了他的一个把柄：肯尼迪在学生时代，曾因为欺骗而被哈佛大学勒令退学。当时，这一把柄在政治上的影响是巨大的，竞选对手很可能以此为由击败他。

可想而知，一般人面对这类事情的第一反应就是极力否认，澄清自己，但肯尼迪知道问题的严重性，他不仅很坦诚地承认了自己的错误，还真诚地说：“我对于自己曾经做过的事情感到很抱歉。我做得的确不对。对此事我没有什么借口可以找。”

肯尼迪放弃了无谓的辩驳，承认了此事，并坦诚地道歉，使得他获得了民众的谅解。

无独有偶，美国前总统克林顿也深谙“以退为进”之道。

当克林顿陷入桃色丑闻时，他并没有一味地否认，而是主动地承认了自己的错误，并采取以退为进的策略，让美国人民做出选择：让他下台或让他继续留在总统的位子上。

结果是，克林顿仍坐在总统宝座上，他的坦诚得到了人们的原谅。

人在一生中，做错事是难免的，欲盖弥彰只能错上加错。而且，谁也保证不了不与他人发生矛盾、产生摩擦。如果因为矛盾、摩擦而大动干戈，在犹太人看来，实在是得不偿失。

犹太人认为，只要没有根本的利害冲突，即便自己占理，让他人三分也无妨。再说，与人方便就是与己方便，尊重他人就是尊重自己。在退后一小步的同时，也是向前迈出了一大步。这样做不仅可以化解矛盾，还能够让彼此加深理解、增进友谊，从而达到双赢的目的。

犹太人古奥十分勤劳，由于买不起平地上的肥沃良田，他便独自找了一块山坡地。经过努力开垦，他把贫瘠的山坡地开辟为产量甚丰的梯田。

村庄里的许多穷佃农们，看到古奥的成就，争相效仿，纷纷在古奥开辟的田地的附近，开辟出一片一片的梯田。

起初，这些在山坡梯田耕作的佃农们，每天忙着自己田里的耕作，倒也相安无事。直到有一年，雨水不够丰沛，田里已有明显缺水的现象。古奥由于早已做好充分的准备，在山中找到了几处水源，挖好了渠道，将山泉水大量地引进他的梯田，所以，虽然其他佃农的梯田缺水，但古奥梯田中的作物却依然欣欣向荣。

一天早上，辛勤的古奥如往常一般来到他的田里，让他大吃一惊的是，整片梯田的水竟然全部流失了，自己梯田里呈现出干涸的现象。古奥赶紧做了弥补，除了将田里补满水之外，还仔细地进行了调查，为何自家田里会有失水的现象。结果，古奥在田埂上发现了一个极大的缺口。原来，其他梯田的佃农们，趁夜里挖破了古奥的田埂，将古奥田里的水往自家田地引流，去灌溉自己的旱田。

古奥明白缘由后，并没有找其他佃农理论，而是在接下来的几天当中，加倍努力地工作，开挖了几条新的渠道，将他找到的水源，顺利地引到与他的田地挨着的每一块缺水的梯田中，把那些佃农的梯田用水灌得满满的，让佃农们不再有缺水的恐慌。

从此之后，古奥以及其他佃农的田地再也没有缺过水；辛勤的古奥也再也不用担心有人会来挖他的田埂了，受到他照顾的农人们纷纷前来感谢他。

毋庸置疑，古奥不仅是一个勤劳智慧的人，更是一个善于用退让解决矛盾并赢得尊重的人。当他受到他人的“算计”时，他首先想到的不是谩骂、气愤、暴跳如雷、实施报复，而是以忍让的方式去解决问题、化解矛盾。他的办法，实在是以退为进的高招，利人也利己。

我国有一首形容农夫插秧的诗：手把青秧插满田，低头便见水中天。身心清净方为道，退步原来是向前。形象说明以退为进的生活哲理。

在现实生活中，无论是工作还是生活，我们都应该向犹太人学习，不与人争，学会退让。因为在退让的同时其实也是在为自己谋取最大的利益。如同忍让不一定是懦弱，后退也不一定是无能的表现。作战如治水，须避开强敌的锋芒；经商如交友，和气才能生财。

# 珍惜生命中的每一天

《塔木德》说："世间万物，唯生命珍贵。"

犹太人有这样一种说法：人出生的时候之所以是哭着来到这个世界的，是因为预示着每个人在未来的生活中都会有痛苦。确实，人活一世，有痛苦，有快乐，但无论如何，活着最为幸福，因为生命太宝贵了。人的一生中，烦恼与不如意十之八九，但只要活着，就要努力让自己开心过好每一天。

一个女人被情所伤，决定远走天涯。她来找拉比(犹太民族中的老师或智者)诉说苦恼，她痛哭流涕，而后告诉拉比，她即将远离。

拉比说："离开前，请回答几个问题。"

拉比问："天涯在哪里？"

女人答："天涯很远，在天边。"

拉比又问："天边在哪里？"

"这个……"女人回答不出来，说，"请您指点。"

拉比说："天涯在你心里。"

女人问："天涯怎会在我心里？"

拉比说："既然你已被情所伤，走得再远，心仍然受伤，无所谓天涯；如果你觉得伤已平复，更无所谓天涯，此时，天涯就在你心里。"

女人说："谢谢您的指点！那第二个问题又是什么呢？"

拉比问："你认为的幸福是什么？"

女人说："幸福就是爱啊。"

拉比说："错！幸福就是你还活着。"

女人更加不明白，"仅仅活着就是幸福吗？"

拉比说："在这个世界上，能活着已经很幸福了。因为很多人来不及享受生命就匆匆地走了，难道你不觉得自己是幸福的吗？"

女人说："活着是一种幸福，可是也有痛苦。"

拉比说："那你认为的痛苦是什么？"

女人说："痛苦就是没有爱了。"

拉比说："错！痛苦也是你还活着。"

女人说："那我更加糊涂了，活着是幸福，活着怎么又是痛苦呢？"

拉比说："生而为人，幸福和痛苦伴生，而唯有这样，才叫人生。

你幸福是因为你还活着，你痛苦也是因为你还活着啊，不然你怎么会知道有痛苦呢！”

女人说：“我明白幸福和痛苦的意义了，下一个问题呢？”

拉比问：“爱是什么？”

女人说：“爱就是长相厮守，不离不弃……”

拉比说：“错！你这只是两性之爱，未免太过狭隘。除了你爱的那个异性，你的生命中，还有亲情、友情之爱，还有对生活的爱，对你所处的世界的爱，对你身边每一个人的爱，对自己工作的爱，对你所专长的事业的爱，对需要怜悯者的爱，对各种人世间你所不排斥的人、事、物的爱，这种爱难道不比使你现在所受伤的爱要博大、深邃很多吗？”

女人说：“谢谢您的指点！我明白了，我应该以珍惜的心对待生命，以感激的心面对生活，因为，我所获得的美好和痛苦，都是生活赐予我的，所以我是幸运的。生活也可以将曾经赐予我的收回。感谢您，我决定留下来，继续生活在这里，我会珍惜我的生命。”

女人走出拉比家，外面，阳光明媚，暖风习习。她忽然觉得活着真好，活着就是幸福！

是的，每天，世界上都有许多人悄然逝去；每天，世界上都有许多新生命来到人间。生命，对于每个人都是宝贵的，人能活着，就是一件幸运的事！人活着，能够幸运地看到明媚的阳光，可以呼吸到新鲜的空气，可以自由地行走于天地间……人不能无端地浪费自己的生命，应该高效率、高质量地“利用”自己的生命，使之变得更加充实而有意义。当然，人要摆脱名缰利锁，看淡恩恩怨怨，以一颗平常心善待他人，善待自己，追求内在心灵的真诚和真实最为重要。人如果能够过自己喜欢过的生活，做自己喜欢做的事情，就是寻找到了真正的幸福美满，并且身心会觉得真实自在。所以，活着就是一种幸福，好好地活着，生命会更有意义。

任何人都不会一帆风顺，有些人的逆境、坎坷尤其多。但逆境和坎坷实际上更能激发人的斗志，让人超越自我，实现人生的辉煌。犹太人深知这一点，所以当他们处于逆境的时候，不逃避，不放弃。他们靠自己的智慧将前进路上的阻碍解决，靠自己的能力将困境摆脱。在克服挫折的过程中得到成长与进步。犹太人不会对生活中的困难表现出厌恶和恐惧，他们认为逆境与顺境一样，都是上天赐予自己的礼物。犹太人说：“降下磨难，是考验我的信仰；降下苦痛，是把我和普通人区分开来；降下逆境，是让我成功。”他们以此来鼓励自己要坚强愉快地生活。

1933年1月，希特勒一上台，就发布了第一号法令，把犹太人比作“恶魔”，叫嚣着要粉碎“恶魔的权利”。

不久，哥廷根大学接到命令，要学校辞退所有从事教育工作的纯犹太血统的人。在被驱赶的学者中，有一位妇女叫爱米·诺德，她是这所大学的教授，时年51岁。

爱米·诺德主持的讲座被迫停止，就连她微薄的薪金也被取消。这位学术上很有造诣的女性，面对如此际遇，却心地坦然。

诺德生长在犹太籍数学教授的家庭里，从小就喜欢数学。1903年，21岁的诺德考进哥廷根大学，在那里，她听了克莱因、希尔伯特、闵可夫斯基等人的课，与数学结下了不解之缘。她在学生时代就发表了几篇高质量的论文，25岁便成了世界上屈指可数的女数学博士。

诺德在微分不等式、环和理想子群等研究方面做出了杰出的贡献。但由于当时妇女地位低下，她连讲师都评不上。在大数学家希尔伯特的强烈支持下，诺德才由希尔伯特的“私人讲师”升为哥廷根大学第一位女讲师。后来，由于科研成果显著，又是在希尔伯特的推荐下，她取得了“编外副教授”的资格。诺德热爱数学教育事业，善于启发学生思考。诺德终生未婚，却有许许多多“孩子”，她和蔼可亲，与学生们交往密切，老师们亲切地把她周围的学生称为“诺德的孩子们”。

诺德离开哥廷根大学后，去了美国工作。在美国，诺德同样受到了学生们的尊敬和爱戴。1934年9月，美国设立了以“诺德”命名的博士后奖学金。

不幸的是，诺德在美国工作不到两年，便死于外科手术，终年53岁。诺德的逝世，令很多同事无限悲痛。爱因斯坦在《纽约时报》上发表悼文说："根据现在的权威数学家们的判断，诺德女士是自妇女受高等教育以来最重要的富于创造性的数学天才。"

犹太人因逆境而生，犹太民族的历史给了他们适应逆境的天性。在那漫长的流离失所的历史中，犹太人学会了从绝境中发掘希望，学会了忍受生命之重，学会了从逆境中找出积极因素，学会了改变痛苦的局面而去寻找新的幸福的智慧。

诺贝尔曾说："生命，那是自然给人类去雕琢的宝石。"是啊，生命就像宝石一样，如果你珍惜它，它就会变成无价之宝；如果你不珍惜它，无论它多么精致，也会变得一文不值。

犹太实业家路德维希·蒙德在学生时代曾在海德堡大学同著名的化学家布恩森一起工作，并发明了一种从废碱中提炼硫黄的方法。

后来蒙德移居英国，将这一方法也带到了英国。几经周折，蒙德找到了一家愿意同他合作的公司，结果证明他的这个专利是很有经济价值的。蒙德由此萌生了自己开办化工企业的念头。

蒙德在柴郡的温宁顿买下了一块地建造厂房，同时，他继续进行实验。在一次实验失败之后，他干脆住进了实验室，昼夜不停地工作。后经过反复的实验，蒙德最终解决了技术上的难题。

1874 年，厂房建成，蒙德将实验投入生产，起初生产情况并不理想，成本居高不下，企业连续几年都在亏损。同时，当地居民由于担心大型化工企业会破坏生态平衡，也拒绝与他合作。

在逆境中顽强求生的坚忍性格帮助了蒙德，蒙德不气馁，终于在建厂6年后的1880年取得了重大突破，产量增加了3倍，成本也降了下来，产品由原先的每吨亏损5英镑变为赢利1英镑，生产也被当地居民认可。后来，蒙德开办的这家企业成为全世界最大的生产碱的化工企业。

蒙德把逆境当作一种人生挑战，在自己有限的生命里不断地努力、拼搏，失败了从头再来，不让自己的人生碌碌无为。他不仅发掘出自己的潜力，同时让自身的价值也得到了进一步的提升。

人活一世，没有人可以清楚地知道自己将要面对的前程，也不会预先知道前进路上将要面临什么样的境况，但是，只要珍惜生命，不荒废自己的生命，这样的生命就是有意义的，这样的生命就是长久的。苦与痛是一种人生经历，艰难与困境也是人生中暂时的存在，人只要拥有一颗顽强不息的心，就能得到幸福与快乐。

第二章

# 犹太人的为人经典智慧

# 信仰让人有力量

《塔木德》中，有这么一段自问自答的对话——

问：“人的眼睛是由黑与白两部分组成的，可是神为什么要让人只能通过黑的部分去看世界？”

答：“因为人生必须透过黑暗，才能看到光明。”

这段对话对世世代代的犹太人产生了积极向上的激励作用。

爱因斯坦说：“每个人都有信仰，这种信仰决定着他努力前进的方向。”犹太民族之所以能够延续至今，并成为全世界屈指可数的富有的民族，靠的就是信仰的力量。

犹太民族著名的作家费朗茨·威斐和妻子从纳粹前线逃了出来。他们从德国穿过法国一直往南走。后有追兵，被抓住便意味着要被送进集中营甚至更惨。

这对夫妇只希望能安全地通过西班牙边境，然后漂洋过海到美国。但西班牙官员却不让他们通过，他们往回走的时候，在派瑞尼的一个名叫崂兹的小镇里住了一晚。这一晚，这位流亡作家不住地祈祷。

"我不相信我的信仰，"他哽咽着说，"这是我的实话。但现在我面临着巨大的危险，已经到了我能承受的极限，我祈求信仰的垂怜，保佑我和我的妻子安全地穿过边界。等我到了美国后，我将把这故事写下来，让全世界的人都能读到。"

奇迹发生了，一个星期后，费朗茨·威斐和他的妻子安全地穿过了边界。当他们踏上美国的土地后，费朗茨做的第一件事就是写了《伯拉德特的赞歌》。

**信仰给了处于绝望中的费朗茨·威斐和妻子生的希望。在绝境面前，信仰使他们重新鼓起勇气，支撑着他们渡过了难关。**

**法国思想家帕斯卡尔说："人不过是一棵芦苇，是自然界最脆弱的东西，但却是一棵会思考的芦苇。"有信仰的人即使遭遇极大的苦难，也能想到未来的美好，从心里产生活下去的动力和希望。**

第二次世界大战期间，欧洲某国一个城市的大街上，发生了一件事。那时，这个国家已经被德国军队占领了。

这天，所有的居民都被叫到一个广场上集合，训完话后，纳粹军官从犹太人群中拉出一个教师模样的中年男子。军官以为只要这位教师肯放弃犹太教，其他犹太人一定会效仿。

“放弃犹太教吧！只要你肯改教，保证你一辈子吃香的、喝辣的。”纳粹军官大声地宣布，唯恐大家听不到。

“我拒绝。”骨瘦如柴的教师回答。

“你只要诅咒你的神，那么，你的生活和你的家人就能受到永远的保护。”

“我拒绝。”教师的声音很平静。

“你知不知道你现在在说什么？如果你还这样嘴硬，我就先杀了你！再说一次，你到底放不放弃犹太教?”

广场上的人都紧张地屏住了呼吸，一动不动，世界像是突然静止了。他们有人注视着军官，有人凝视着教师，有些女人甚至闭起眼睛，不敢再看，因为这一幕实在是太恐怖了。

“我不放弃。”教师铁青着脸回答。这时，纳粹军官再也忍不住了，他从枪套中拔出了手枪，伸直右手，瞄准教师，“砰”的一声枪响，射中了教师的肩膀，刹那之间，教师站立不稳，倒在了地上。教师血流不止，但还不断地低吟：“无论如何我都不会改变我的信仰。”

“你只要说一句放弃犹太教，我马上送你去医院，治好你的伤，然后，你就可以和你的家人一起过着快乐、幸福的日子。”军官说。

“我不放弃。”教师一面喘着气，一面回答。

军官直立着，似乎呆住了，转瞬间，大家都看到军官的脸上布满了狰狞的表情，然后，他举起手枪，向躺在地上的教师开枪，一枪、两枪、三枪、四枪……在枪声中，大家断断续续地听到教师“不放弃……不放弃……”的声音，直到他离开了人世。

故事中的那位犹太教师可敬可佩，他在生命受到威胁时依然没有放弃自己的信仰。因为，信仰就是力量，是支撑起他一切行动的动力。

信仰是一种思想，一种对待人生的哲学、态度，它能够使人看得更远、更广。信仰是石，能敲出生命的火花；信仰是火，能驱散心灵的寒霜；信仰是星，能引领人前进的方向。人只要树立起坚定的信仰，人生就会奏响动人的乐章。犹太人正是凭借自己坚定的信仰走到了今天，并取得了令世人瞩目的成就。

杰克·韦尔奇是世界上最杰出的企业家之一，他成功地经营着GE公司，使之成为全球首屈一指的企业管理圣殿。而GE的发展离不开韦尔奇的企业信仰。

有一天，记者采访GE的一位员工：“你们靠什么成为令美国以至全世界都仰慕的企业？”

那位员工对记者说：“我们依靠的是全体员工对企业的信仰，对企业领导韦尔奇的信仰。打个比方，如果明天早晨上班的时候，韦尔奇头朝地倒立着进公司大门，你必将看到后面的所有员工都倒立着进入公司大门！”

由此，可以看出企业信仰对于一家公司的巨大影响。

韦尔奇有着坚定的企业信仰，他的员工、他的企业拥有着同样的信仰，这就是他的成功之处，也是GE公司成功的重要因素。韦尔奇在其自传中说："为了实现上下统一的意志、共同的战略目标，我执着地在理性和感情两方面做好工作，尤其在核心生产、技术开发和客户服务的三大业务上，通过不断地沟通交流这个民主的过程，达到追求上的充分一致。"

人没有信仰，就会变成行尸走肉。信仰与人的一生是密不可分的，信仰是人对人生观、价值观和世界观的一种选择。信仰是人生最高意义的存在，人拥有信仰，坚定信仰，其人生的天空将会被点亮，离成功的目标也将越来越近。

# 高举慎独旗帜

《塔木德》说："超越别人，不如超越自我。"

是的，整天羡慕别人，嫉妒别人，不如自己奋发向上，练好"内功"。而奋发向上，超越自我十分重要。人最重要的一点是严以律己，乐于助人。而人要想成功，把自己管理好是一项重要工作。

"金无足赤，人无完人。"世界上没有十全十美的人，每个人都会有缺点，都会犯错误，都会有不如他人的地方。能管理好自己的人不仅自律，还会经常对自己的言行进行反省，纠正自己不足的方面，改正自己不如人的地方，这都是严于律己的表现，是对自己有要求的表现，也是不断进取的重要方法和途径。

犹太人有很高的自我管理素质，他们凡事从自己做起，善于自我反省，慎独自律。在商业活动中，犹太人信守合约、遵守法律，哪怕约定是口头上的。在犹太人看来，只要双方达成了某种共识，就要严格地遵守并执行，这样才符合道德规范。也就是说，不管如何，他们都要求自己遵照契约的约定来履行自己的义务和享用自己的权利。

犹太人相信，只有从自己做起，严格执行约定，才能真正体现契约精神；否则，自己无视约定，却要求对方做到，那契约的执行就会遇到困难；而如果双方都想着用契约去牵制对方，那么这个契约就可能会作废。所以，犹太人在商业往来中，基本上不存在不履行契约的情况，除非是契约本身有问题。犹太人这种严于律己、信守承诺的品质使他们在商界赢得了很高的赞誉。

同样，犹太商人在管理自己企业的过程中，也是以身作则，自己先做好表率，然后以自己的行动去影响别人，很少有只严格要求别人却对自己放松要求的情况。

如果说遵守规定、履行契约、从我做起只是犹太人自我管理的比较浅层次的表现，那么，在犹太人内心深处的“慎独”精神，就是很珍贵的深层表现了。犹太人无论在人前还是人后，在公众场合还是自己独处，都奉行“慎独”精神，该做的做，不该做的坚决不做。

有一位犹太教师，行为高洁，为人亲切而仁慈，做事审慎，在镇上深受众人景仰和爱戴。

80岁之后，这位教师的身体突然变得虚弱了，并开始很快地衰老下去。一天，他知道自己的大限已经临近，便把所有的弟子叫到床边。

弟子到齐了之后，教师掉眼泪了。弟子们十分奇怪，便问："老师为什么落泪呢?"这位教师说："我刚刚问自己：你读书了吗？你向神祈祷了吗？你是否行善了？你是否做了正当的行为？对于这些问题，我都可以做出肯定的回答。但当我问自己是否热心参加集体生活时，我却只能回答：没有。所以我才落泪了。"

这个故事说明，一个人的力量有限，只有融入集体，才能发挥出更大的力量。很多犹太人也用这则故事来劝说那些不愿意参与集体活动的人，让他们走出家门参与到集体中去，感受集体的魅力。

爱因斯坦说："生命的意义在于乐于助人，忧他人之忧，乐他人之乐。"学会帮助别人，其实是给自己的人格提升找到了一个支点，即在帮助别人的同时提升自己助人的品格。

哈佛大学有一位计算机高手，名叫布鲁斯。他在中学时就是一个乐于助人的热心人，同学们经常向他寻求帮助："布鲁斯，我的计算机怎么上不了网了?""布鲁斯，我的计算机怎么打印不了东西了?""布鲁斯，excel里面怎么插图表?""布鲁斯……"

这些有关计算机应用方面的问题，有些布鲁斯能解决，有些布鲁斯也解决不了。但即使问题解决不了，布鲁斯也不会轻易拒绝对方，他一般都会告诉他们说："等等，我琢磨一下!"然后，带着这些问题，布鲁斯上网查资料，寻找解决问题的方法，实在解决不了，就去请教别人，一定要将问题解决。布鲁斯在计算机方面的能力很强，又乐于帮助他人，所以他跟同学们的关系十分融洽。

布鲁斯在进入哈佛大学后，曾说："同学问问题，其实是一个很好的学习过程，通过帮助他们，对于自己掌握知识也很有好处，相当于重新复习巩固了一遍；而对于不懂的知识，又通过这种方式掌握了，当以后再碰到类似的问题时，便会胸有成竹了。"后来布鲁斯成为一名计算机高手，这一切对他来说正是乐于助人的回报！

慎独精神主要是严以律己，乐于助人，而这种精神不仅利他，而且利己，实是一种共赢。

# 生活有苦也有乐

《塔木德》说："适度享乐而不忘追求善行的人才是最贤明的。"

犹太人认为，既然世界上的一切都是人创造的，那么，享受世界上的乐趣，也是世界赋予人的权利，甚至可以说是义务。

很多犹太人在孩子们很小时就给他们讲这样一个故事：

有一艘船在航行的途中遇到了强烈的暴风雨，偏离了航向。到次日早晨，风平浪静了，人们才发现船的位置不对，不过他们发现前面不远处有一个美丽的岛屿。

于是人们把船驶进海湾，抛下锚，准备做短暂的休息。从甲板上望去，岛上鲜花盛开，树上挂满了令人垂涎的果子，一大片美丽的绿茵，还可以听见小鸟动听的歌声。

船上的旅客分成了五组。第一组旅客，因担心出现顺风而错过起航时机，便不管岛上如何美丽，都静候在船上；第二组旅客急急忙忙登上小岛，走马观花地观赏了一遍盛景之后，立刻回到船上；第三组旅客也上了岛游玩，但由于停留时间过长，在刚好吹起顺风时急忙赶回，丢三落四，当初好不容易占下的船上的理想位置也被别人占了；第四组旅客一边游玩一边观察船帆是否扬起，而且认为船长不会丢下他们把船开走，故而一直停留在岛上，直到起锚时才慌忙爬上船来，许多人因此而受了伤；第五组旅客留恋岛上美丽的风光，充耳不闻起航的钟声，被留在了岛上，结果，有的被猛兽吃掉，有的误食毒果生病而亡。

那么，假如你是旅客，你会是哪一种呢？犹太人认为，第一组的人对快乐缺少体会，他们的人生缺少乐趣；第三组、第四组、第五组由于过于贪恋和匆忙，吃了很大苦头；只有第二组的人既享受了少许快乐，又没有忘记自己的初衷和目的，是最有智慧的一组。

人们常说：凡事要有度。就像商人说会花钱的人才会赚钱一样，会享乐的人才会工作。从哲学上说，任何事物都是质与量的统一体，而度是事物变化过程中，引起突变的“参量”。度把握得好，事半功倍；反之，则事与愿违，功败垂成。

犹太人认为，人不管是处在顺境还是逆境，都不应悲观失望、灰心沮丧。逆境中更要“偷得快乐”，让头脑放松一下。但追求享乐要适度，盲目追求就是一种病态了。

保罗·艾伦1953年出生于美国西雅图，毕业于华盛顿州立大学。他的父亲当过20多年的图书管理员，为艾伦从小博览群书提供了条件。1968年，艾伦与比尔·盖茨在湖滨中学相遇，艾伦以其丰富的知识令盖茨折服。两人成了好朋友，一同迈进了“计算机王国”，掀起了一场“软件革命”。

1975年，他们共同创立了“微软帝国”，艾伦拥有40%的股份。艾伦虽和盖茨一起创立了微软，但其后艾伦却离开了微软，他是带着微软的股票一起走的。与盖茨狂爱工作不同，艾伦很会享受生活。他曾经在意大利的水都威尼斯举办化装舞会，租用豪华邮轮驶往阿拉斯加开晚会，在法国南部还有豪华度假别墅。艾伦曾一掷千金，耗资7000万美元买入波特兰开拓者队（美国职业篮球队），后来又花了2亿美元买了美式足球联盟的西雅图海鹰队。

多年来，微软的市值不断上升，艾伦的腰包也日渐充实，他不仅购买了球队、体育馆和戏院，他的游艇“章鱼”，也是世界上最大的私人游艇，全长125米，相当于英式足球场地大小，有可供两架直升机起落的升降坪，船中还藏有一艘长达18米的登陆艇。艇上有60名常备水手及其他工作人员。一些见过世面的亿万富豪们也惊呼“这简直就是航空母舰”。

艾伦常邀请亲朋故旧、娱乐及IT圈的名流来到他耗资亿万美元的游艇上游玩。在游艇驶往诸如巴厘岛等旅游胜地的途中，艾伦会手执吉他与著名音乐人联袂表演，以飨来宾。艾伦说："我十分热爱编程，但是这无法与音乐相比。"他建立了自己的摇滚乐队"屠户店男孩"，并在乐队中担任吉他手。当听说西雅图Cinerama电影院即将关门的消息后，他立刻行动起来，不但买下电影院，还把它改造成了展示各种电影的展览馆和西雅图科幻博物馆、名人堂，珍藏着近半个世纪各种科幻艺术作品和艺术家们关于未来各种幻想的图画。

艾伦还在西雅图闹市区建立了梦幻般的摇滚博物馆。作为好莱坞梦工厂和波特兰广播电台的老板，艾伦还致力于寻找太空生命和研究人工智能的SETI项目，他曾为研究人类大脑出资1亿美元，并为此建立了专门的基金会。

艾伦的故事，讲述了作为有钱人生活的奢华，但我们的目的并不是告诉大家都去效仿他，与他攀比，而是说，虽然人生在于奋斗，但在可能的情况下，要适度地学会放松，学会享受生活的美好。

# 益者三友：友直、友谅、友多闻

《塔木德》说："与污秽者为伍，自己也得污秽；与洁净者相伴，自己也得洁净。"

犹太人认为，交友要慎重。一个人有什么样的朋友，直接反映着他的为人。"未知其人，先观其友。"也就是中国古人常说的"物以类聚，人以群分"。交友若不慎，自己很容易受到伤害。因此，犹太人从小就教育孩子如何择友、交友。

有这样一个关于犹太人教育孩子的故事。

一天，爸爸从外边回来，把3岁的约翰放到壁炉台上，然后松手道："约翰，跳到爸爸怀里来。"

约翰见爸爸和自己玩，十分高兴，笑着往爸爸怀里跳。可是，当约翰快要落到爸爸怀里时，爸爸却突然抽回了手。约翰自然就摔到了地上，哇哇地哭开了。

小约翰哭着爬到坐在沙发上的妈妈怀里，妈妈却只是说："爸爸太坏了！"爸爸则站在一旁对小约翰说："站起来。"

犹太人认为这种做法不是残忍，而是正常的。他们说："像这样重复几次，孩子自然就认为，爸爸也不可相信，这样孩子以后就不会轻信任何人了。"长大后，孩子在交友时就会谨慎，在交到好友时，会认为良友难得，而在与人相处时会适度戒备，而这也是对自己的一种保护。

交友，应根据"友直、友谅、友多闻"的标准来选择。"直"，指的是正直。"谅"，指的是诚实。"多闻"，指的是见闻广博，知识渊博。然而现实中，"不直"、"不谅"、"不多闻"的人太多了。像有的生物也是这样。比如，自然界中的"杀人蝙蝠"仅仅施以舒适而致命的诱惑，就能使驴子在陶醉沉迷之中莫名其妙地死去，这是多么可怕的谋杀手段。而生活中这样的"蝙蝠朋友"并不少见。所以，犹太人认为，对"敌人"要保持警惕，对"朋友"也要"留点儿神"。

梅里特兄弟是从德国移民到美国的，定居在密沙比。通过辛勤的工作，兄弟俩积攒了一笔钱。后来，他们意外地发现，密沙比有着丰富的铁矿。兄弟俩决定秘密行动，他们不动声色地收购地产，顺利成立了铁矿公司。

当地人汉克斯看到梅里特兄弟的铁矿公司十分眼馋。汉克斯在等待时机，决心得到这个铁矿。

1837年，经济危机笼罩着美国商业，市面银根告紧，同许多公司一样，梅里特兄弟的铁矿公司也陷入了危机的旋涡之中。兄弟俩愁眉不展，这时，他们的一个好朋友布什来到他们家。在闲聊中，梅里特兄弟不自觉地谈到了经济危机，并对布什说铁矿公司也陷入了危机之中，资金周转不灵。

布什热心地说："你们怎么不早些告诉我呢！我可以帮你们忙啊！"

兄弟俩听了这话，不禁喜出望外，问布什："您有何高见？"

布什说："我有一个朋友，看在我的面子上，他可以提供给你们需要的周转资金。"

兄弟俩说："您真是个好人，我们都不知道拿什么感谢您呢！"

布什问："你们要多少钱周转？"

梅里特说："42万美元。"

布什很快就写了封借42万美元的介绍信。

兄弟俩问："那么利息怎么计算呢？"

布什大方地说："怎能要你们的利息呢？这样吧，比银行利率低2厘。"

兄弟俩简直不能相信这样的好事会降临在他们头上。

布什拿出笔墨立了一张借款字据："今有梅里特兄弟借到考尔贷款42万美元整，利息3厘，空口无凭，特立此为证。"

梅里特兄弟念了字据，觉得没有什么问题，便在字据上高兴地签了字。

半年之后，布什又来到梅里特兄弟家里，一进门，就十分严肃地对兄弟俩说："我的朋友汉克斯早上给我来了电报，要求马上收回那42万美元贷款。"

梅里特兄弟把借来的钱正用于周转，哪里有42万美元呢？他们被迫上了法庭。

汉克斯的律师说："借据写的是考尔贷款。考尔贷款是贷款人随时可收回的贷款，所以它的利息要比一般贷款低。根据美国法律，借款人或者立即还清借款，或者宣布破产！"

在这种情况下，梅里特兄弟俩只好宣布破产，将产业卖出，买主当然是汉克斯，而兄弟俩的铁矿公司只作价了52万美元。

梅里特兄弟的失败在于他们交友时放松了警惕，以致交友不慎，最终造成了失去自家铁矿的悲剧。

人有朋友，是有了好事业的基础，人生中最宝贵、最美好、最值得回忆的也是友谊。所谓"宁无百金求一友"，说明择好友之难。交友是有过程的，首先要保持清醒的头脑，认清对方是否真心与你结交；其次要考察，这个过程包括顺境与逆境，不要急于信任对方。因为，生活中有些朋友，当事情对他们有利时，他们是忠诚的，但是当你身处逆境、困境时，他们就可能抛弃你，甚至会倒向敌对的一方，这些朋友都不是真正的朋友。

所以交友一定要慎重，首先，要选择忠实可靠、善良、有担当的朋友。这样的朋友是安全的庇护所，这样的朋友是金钱、财富无法衡量的。其次，要选择志向远大的人，因为一个人的想法和行动很容易影响周围的人。人们的学习、工作、生活不是孤立的，要交益友，不交损友，要交知己、志同道合之友，不交酒肉朋友。

古人把慎交友作为修养之道的重要方面，认为“与善人居，如入芝兰之室，久而不闻其香；与不善人居，如入鲍鱼之肆，久而不闻其臭”。所以在生活中要与积极的人在一起，和志向远大的人在一起，这样自己才会觉得生活充满希望，朋友才会是真正的朋友；而和消极、懒散的人在一起，自己不仅会变得止步不前，同时会交不到真正的朋友。

# 适时的沉默胜过千言万语

《塔木德》说："适时的沉默胜过语言。"

生活中，"沉默是金"的说法为很多人认同。因为适时沉默，被证明是一种处世哲学，也是一种沟通艺术，更是一种美德。人无论是谁，都会遇到许多不如意的事。如果因为别人一句不顺耳的话，就与对方反唇相讥、针锋相对，就容易产生矛盾。此时，如果选择沉默的态度，让沉默成为有力的武器，反而会胜过千言万语，让对方自觉无趣而退让。

有这样一个故事：

一个教师在旅途中，碰到一个不喜欢他的人。

连续好几天，那个人都跟着这个教师，用尽各种方法嘲笑他，但教师每次都以沉默待之。

有一天，那人又开始谩骂教师。教师转身问那人："若有人送你一份礼物，但你拒绝接受，那么这份礼物属于谁？"

那人答："属于原本送礼的那个人。"

教师笑了："没错，若我不接受你的谩骂，那你就是在骂你自己。"

那人摸摸脑袋，转身离开了。

这个故事表明，沉默既是宽容，也是一种高尚的品质，更是反击时最好的武器。

生活中总有些"长舌人"，喜欢搬弄是非，唯恐天下不乱。对付这种人的办法尽管很多，但是，最有效的办法就是保持沉默，让流言蜚语在时间的长河里，慢慢变成无足轻重的泡沫。犹太人常说："话多，不能说明你贤；话少，不能说明你愚。少争论，多干事，重行动，行胜于言。"

有一个国王快要病死了。医生告诉国王，喝母狮子奶是存活下来唯一的希望。

国王转向仆人们问道："谁去把母狮子奶给我取来？"

"我愿意去！"有个仆人回答说，"但我必须带上10只山羊。"

国王答应了，于是那人赶着羊群上路了。

那人找到了一个狮子洞，那儿有一头母狮子正在给幼崽喂奶。第一天，这人远远站着，扔过去一只山羊，然后向母狮子靠近一点。第二天，他又扔过去一只山羊，又向母狮子靠近了一点，就这样，他逐渐往母狮子跟前靠近，到了第10天，他和母狮子成了朋友，母狮子让他抚摸，让他和它的幼崽玩耍，最后让他取了一些自己的奶。

那人拿着母狮子奶走到半路，睡了一觉，梦见自己身体的各个部位吵了起来。他的腿说："身体的其他器官都不能和我们相比。要不是我们走近母狮子，这个人就没办法取到奶给国王。"手说："要不是我们挤奶，他也没有办法取到奶给国王。""但是，"眼睛说，"要不是我们指路，他什么也干不了。""我比你们都好！"心喊叫着，"要不是我想到这个办法，你们都没有用。""那我呢，"舌头说，"我是最有用的！要是这个人不能说话，你们还能干什么？""你怎么敢和我们比？"身体的各部位一起叫起来，"你整天在那个黑暗的地方待着，不像我们都有骨头，你甚至连一根骨头都没有。""你们早晚会知道，"舌头说，"到那时你们就会说我是统治者。"

那人醒过来继续赶路。当他走进国王的宫殿时，他说："这是我给您带回来的狗奶！"

国王咆哮道："我要的是狮子奶。把这人带走吊死。"

在去刑场的路上，这个人身体的各个部分都颤抖起来。这时舌头对它们说："我说过我比你们厉害。现在如果我救了你们，你们会不会让我统治你们？"身体各个部分都忙不迭地同意了。

"把我送到国王那里去。"舌头冲着刽子手大喊。这人又被带到国王面前。

“为什么您要下令把我绞死?”这人问，“我带回的奶能治好您的病。您不知道有时候母狮子也叫母狗吗?”

国王的医生从这人手里接过奶，检查一番，发现真的是母狮子奶。国王于是放了这人。

国王喝了母狮子奶以后，病很快就好了。

这个人获得了丰厚的奖赏。身体的各部位对舌头说：“我们向你鞠躬致敬，你是我们的统治者。”

这个故事告诉我们，人的言辞是非常重要的，人不能“乱说话”。

《塔木德》中说：“在某些时候，沉默比什么话都有效。沉默就是力量，往往胜过滔滔不绝、口若悬河。”

沉默时要注意以下两点，这样才能不失风度，才更能取胜。

首先，要有恰当的沉默理由。

人们通常采用的理由有：假装不理解对方对某个问题的陈述；假装对某项问题的立场不理解；假装对对方的某个失误不计较，以表示自己的态度。

其次，要沉默有度，而且能适时进行反击，最终达到迫使对方让步的目的。

“沉默是金”，人们常用这句富有哲理的话赞美沉默，但在无止无休的世事纷争中，人不应该无原则地忍气吞声，有时要能抓住要害，一语中的，或抓住对方的软肋进行反击，这样才能保持自己的尊严，给对方以威慑力。

沉默，要因时因地使用，总沉默或故意沉默，都不是真正的“沉默”，真正的“沉默”是“心里明白”，以沉默作为一种技巧，达到“此时无声胜有声”的效果。

# 他人意见只是参考

《塔木德》说："要想有大的作为，就得打破既有的成见。"

成见是什么？成见就是一种思维定式，一种必须打破的"墙"。

有这样一个故事：

在一座无人居住的房子外，一只鸟儿每日总是准时光顾。它站在窗台上，不停地以头撞击着玻璃窗，却每次都被撞落回窗台。但它坚持不懈，每天总要撞上十来分钟之后才离开。一些人猜测这只鸟大概是为了飞进那个房间。

后来，有人用望远镜观察，才发现那玻璃窗上沾满了小飞虫。鸟儿每次都吃得不亦乐乎！人们怎么也没有想到鸟儿有如此独特的觅食方式，因为人总是按照自己日常的思维方式去评判鸟儿的世界。

由此可见，人们在生活中，一旦形成了某种固定观念，就会束缚住自己的手脚，限制住自己的思维，形成思维定式，成为创新、改变思路的障碍。

对于很多人而言，得到他人的否定是很痛苦的事情，更别提权威人士的否定了。但是对于犹太人来说，权威人士和普通人士给的否定意见没什么区别。犹太人认为，即使你是权威人士，你也不可能永远持有正确的观点，对或不对，只能通过实践来证明。而普通人士也不见得没有闪光出彩的好建议。因此，犹太人对于他人所给的否定，既不会给予太多的反驳，也不会去争论对错，而是以实践论结果。因此，在犹太人之中，产生了很多"奇才"。他们敢于向禁锢了思想几千年、影响了社会几百年的一些所谓"真理"发出挑战。

事实证明，敢于质疑权威、敢于打破成见的人，往往能成功；而因循守旧、永远跟在权威人士后面走的人，是不可能有突出成就的。

1952 年前后，日本的东芝电气公司积压了大量的电扇卖不出去，7 万多名职工为了打开销路，绞尽脑汁地想了不少办法，可依然进展不大。

有一天，一个小职员向当时的董事长石坂提出了改变电扇颜色的建议。在当时，全世界的电扇颜色都是黑色的，东芝公司生产的电扇自然也不例外。

这个小职员建议把颜色单一的黑色改为彩色。当时大多数业内人士都认为这不符合常规，但这一建议却引起了石坂董事长的重视。经过研究，公司采纳了这个建议。

第二年夏天，东芝公司推出了一批浅蓝色电扇，大受消费者欢迎，市场上还掀起了一阵抢购热潮，几个月之内就卖出了几十万台。从此以后，在日本以及全世界，电扇就不再是统一的黑色面孔了。

现在我们想想，这一改变颜色的设想，增加的效益竟如此巨大，而提出这个设想，既不需要有渊博的科技知识，也不需要有丰富的商业经验，但为什么东芝公司那么多专业人士就没人想到、没人提出呢？为什么日本以及其他国家成千上万的电气公司，以前都没人想到、没人提出呢？显然是因为，自有电扇以来电扇颜色都是黑色的。虽然谁也没有规定过电扇颜色必须是黑色的，可彼此仿效，代代相袭，渐渐地就形成了一种惯例、一种传统，似乎电扇颜色只能是黑色的，这样的常规思想牢牢把控着人们，反映在人们的头脑中，就成为一种心理定式、思维定式。时间越长，这种定式对人们的创新思维的束缚力就越大，而人们要摆脱它的束缚却越来越困难，越来越需要做出更大的创新努力。

东芝公司的那位小职员提出的这个建议，从思考方法的角度看，可贵之处就在于，他突破了“电扇颜色只能漆成黑色”这一思维定式的束缚，从颜色的多样性提出自己的建议，从而改变了整个电扇行业的思路，更为本公司积压的库存电扇打开了销路。

据统计，几乎所有的犹太富翁都曾数次遭受过银行信贷部门的拒绝。专业的信贷评审员或许会直接否定他们的创业计划，但他们仍坚持不懈，转向别的信贷机构或者独辟蹊径继续寻求帮助。成功的犹太人，大多遭受过拒绝但依然对自己的创新充满信心，这是因为，他们认为，越是遭受拒绝、受到否定，越会使之成为自己的一种积极的促进力和推动力。

曾有一位犹太人开玩笑地说，某一位批评家对他的批评犹如预言家一般准确，只是这位批评家批评他的事，失败了从头再来，无一不顺利完成，同时带给他巨大的收益。可见，听人批评、受人否定并没有什么。

一个人倘若对自己没有信心，就会把他人的批评、否定记在心里，从而让自己从心理上的“对战”中撤退，继续生活在他人思维的“统治”之下。而那些不盲从他人批评、否定的人，会以他人的批评、否定为动力，激发出斗志，催生出成功的欲望，最终取得成功。

由于犹太人善于经商，很多人开始把犹太人的经商策略和经商模式视为权威，并加以分析和学习，想从中归结出一些经商真理。对此，犹太人也是持否定态度的。他们认为，成功虽然可以复制，但也只是某些特例的成功复制，人更多地要相信自己，坚持不懈，这样才能走向成功。

我们要学习犹太人的既不骄傲自大，也不妄自菲薄的精神。要像犹太人那样，谨慎而认真地对待他人的建议，靠实践、靠行动获取成功。

## 培养坚持到底的性格

《塔木德》说："失去金钱，只是失掉半个人生；但是失去勇气，就一切都失掉了。"

人活在世上需要金钱，因为生活离不开金钱，但金钱不是万能的。人可以一无所有，但只要有精气神，敢苦干，就可以让自己从一无所有到应有尽有、无所不有。

犹太人在面临着各种各样的压力时，不会一味地抱怨；他们在遇到困难和意想不到的麻烦时，不会觉得无法忍受或暴跳怒吼，诸如"怎么能这样""我无法相信这一事实"等消极话语；当他们身处逆境时，大多耸耸双肩，摇摇头轻声地说"本来就是这样"，然后用进一步的努力和昂扬的精神去克服困难、摆脱困境，因为他们相信奋斗出成果，他们鼓励自己："会好起来的，我肯定会赢。"

"会好起来的"这句话表达出乐观主义和充满希望的积极心态，也可以说是犹太人的座右铭。这句话反映了犹太人的乐观精神，即不论发生什么事情，他们都有能力，有信心去面对，同时能承受，能自己解决。

据说，1976年以军在乌干达的坎帕拉机场营救人质的行动中，牺牲了一名军官，事后在整理这名军官的书信时，发现了他的绝笔之作——写于他牺牲前5天的家信。

在这封家信中，这名军官第一次流露出对动荡的世界及不断的战争的忧心，但即便这样，在信的结尾他还是写上了："一切都会好起来的"这句话。

著名心理学家、哲学家威廉·詹姆斯说："如果我们被一种不寻常的需要推动时，那么奇迹将会发生。是的，当我们的疲惫达到极限时，或许是逐渐地，或许是突然地，我们会超越这个极限，找到全新的自我！此时，我们的力量显然到达了一个新的层次，这就是经验不断积累、不断丰富的过程。直到有一天，我们突然发现自己竟然拥有了不可思议的力量，并感觉到难以言表的轻松。这其实就是坚韧。"

詹姆斯还指出："坚韧是一种习惯。坚韧这一习惯的过人之处在于，你表现得越坚韧，你就越可能变得更坚韧。"事实上，坚韧对于改变人们的习惯、实现目标的重要性远非如此。

坚韧是一个人通往成功并成就伟大事业必不可少的品质。即使是最不起眼的小人物，通过努力，也可以拥有坚韧的品质。而坚韧的品质是获得成功的忠实伙伴。

生活中，我们会遇到各种各样的挫折。“成功者”与“失败者”的区别，就在于有没有不屈不挠、永不服输的坚韧品质。

联邦快递公司作为知名跨国公司，几乎无人不晓。作为联邦快递公司的创始人和首席执行官的弗雷德·史密斯，在耶鲁大学求学期间就产生了这个创新性的航空货运理念。他认为，这个理念必定会使发送和接收邮件包裹的方式发生翻天覆地的变革。

于是，史密斯提出了自己的想法，写在了经济学课程的期末论文中。正当他满怀信心地以为会得到教授的好评时，教授却给他的论文成绩为“C”，并对他说：“理念很有趣，也很严谨，但是，如果你想得到高过C的成绩的话，就不要写这些不可行的事情了。”这样的结果让史密斯极为沮丧。

但是，史密斯毕业后，始终坚持自己的理念，最终他募集到了7200万美元的贷款和证券投资来实现自己的理想。

由于毫无经验，再加上起初的规划问题，在刚开始几年的经营中，史密斯遭受到了巨大的损失，但是史密斯并没有气馁。终于，在1975年年底，史密斯获得了近20000美元的赢利。

今天，联邦快递公司已经成为一个价值百亿美元的跨国企业集团，在世界各地几乎都能看到它所开展的业务。公司拥有的员工已经有数十万名，每日处理邮件量巨大。这正是由于史密斯的不懈努力以及对自己信念的坚持，才使得在别人看来“不可行的想法”成为“可行”的现实。

通过上面的案例可以看出，坚韧不拔对一个人的成功有多么重要。人不论目标是什么——当大学教授、成为职业演员、发明某项新专利，或是开创一家数百万元资金的公司等大目标，还是诸如员工升职或清偿小额负债等小目标，只要相信自己，对自己说“坚持、坚持、再坚持”，那么，目标很可能就会实现。

曾有人做过这样一个试验：把100个人分成A、B两组。A组的人所处的环境比较舒适，可以打高尔夫球，有大轿车接送，打桥牌、吃西餐，他们的一切需求和欲望都可以不费气力地得到满足；而B组的人却无论干什么都会遇到重重障碍。这样过了6个月，A组的人整天昏昏然，精神颓废，而B组的人却精神抖擞，提出了许多新的设想并热衷于改善现有的状态。

物竞天择，适者生存。逆境不过是社会淘汰机制下的一个关卡而已，能不能挺过去要看自己的努力。倘若你能经受住逆境的考验，那么，你就是在优胜劣汰的竞争中生存下来的那个强者。所以说，当遇到逆境的时候，人生的分水岭常常出现：有的人由于坚持努力，于是取得了成功或进步，从此不断攀升人生高峰；而有的人一遇困难就退缩、放弃，甘认失败，最终碌碌无为，默默无闻。

辛·吉尼普的父亲生重病的时候已经70岁了，他曾经是俄亥俄州的拳击冠军，有着硬朗的身体。

一天，吃过晚饭，父亲把家人召到病榻前。他一阵接一阵地咳嗽，脸色苍白。他艰难地扫了每个人一眼，缓缓地说："那是在一次全州冠军对抗赛上，对手是个人高马大的黑人拳击手，而我个子矮，一次次被对方击倒，牙齿也出血了。休息时，教练鼓励我说：'辛，你能挺到第12局！'我也说：'我能应付过去！'然而对击时，我感到自己的身子像一块石头、一块钢板，对手的拳头击打在我身上发出空洞的声音。我跌倒了又爬起来，爬起来又被击倒，但我终于挺到了第12局。

"对手战栗了，我开始了反攻，我是在用我的意志击打对手，长拳、勾拳，又一记重拳，我的血同他的血混在一起。眼前有无数个影子在晃，我对准中间的那一个狠命地打过去……他倒下了，而我终于挺过来了。哦，那是我获得的唯一一枚金牌。"

说话间，父亲又咳嗽起来，额上的汗珠滚滚而下。他紧握着吉尼普的手，苦涩地一笑："不要紧，才一点点痛，我能应付过去。"

第二天，父亲就死了。那段日子，正碰上全美经济危机，吉尼普和妻子都先后失业了，经济拮据。

吉尼普和妻子天天跑出去找工作，晚上回来，总是面对面地摇头，但他们没有气馁，而是互相鼓励：“不要紧，我们都会挺过去的。”

后来，当吉尼普和妻子都重新找到了工作，坐在餐桌旁静静地吃着晚餐时，他们总会想到父亲，想到父亲的那句话——“我终于挺过来了。”

是的，当我们感到生活快要支撑不下去的时候，一定要咬牙坚持，学会在困境中对自己说：“一切都会好起来的。瞧，我能应付过去！”

克莱门特·斯通说：“坚韧往往是同命运结合在一起的。”犹太人正是因为坚持到底的性格取得了成功，被世人称赞，在各个领域里骄傲地为人们做着榜样。

# 不自以为是，不夸夸其谈

《塔木德》说：“在一言一行中，都应谦虚谨慎，不自以为是，不夸夸其谈。”

犹太人大多脚踏实地、认真务实。他们不说大话，不信口开河，也反对说大话、信口开河的人，他们认为说大话、信口开河的人不仅虚荣，而且干不成大事。

有这样一个故事：

有一个农夫在菜园里松土，突然从土疙瘩后面跳出一只很大的毒蜘蛛。农夫吓得惊叫一声，跳到一边。

“谁敢动我，我就咬死谁！”毒蜘蛛发出“嗞嗞”的怪叫，威胁农夫。

毒蜘蛛又向前爬了几步，张开大嘴做出咬人的凶相，对农夫说：

“蠢农夫，你听明白，只要被我咬一口，你就会有死掉的危险。你先是在痛苦中抽搐，接着在极度痛苦中咽气！走开，别靠近我，否则，你就要倒大霉了！”

农夫心里清楚，这个小东西只是在虚张声势、装腔作势、说大话罢了，因为，它过高地估计了自己。农夫向后退了一步，用足了力气，光着脚丫子狠命地朝蜘蛛踩去，一边踩一边说：“你嘴上讲得挺厉害，可你又有什么本事呢？我这个泥巴腿倒要领教领教，看你能不能咬死我！”

毒蜘蛛被踩死了。它在生命的最后一刻，狠命地在农夫的大脚掌上咬了一口。谁知农夫的脚掌上长满了厚厚的老茧，毒蜘蛛的“毒”根本“毒”不到农夫。

很多犹太父母经常给孩子讲这个故事，告诉孩子：不要说大话，说大话是无知、自满的表现，当一个人说大话时，就会失去一个人应有的谦虚恭敬，这非常不利于人际交往。人首先要认清自己，也就是要有自知之明。一个人如果没有自知之明，就容易被自负冲昏头脑，自以为是。孔子说：“其言之不怍，则为之也难。”也是说一个人说大话而不知惭愧，那么他兑现诺言就很难了。

富兰克林年轻时，是一个骄傲自大的人，言行不可一世，处处咄咄逼人。造成他这种个性的最大原因，归咎于他的父亲过于宠爱他、纵容他，从来不对他的自傲行为加以训斥。

后来，富兰克林父亲的一位挚友看不过去了，有一天，父亲的挚友把富兰克林叫到面前，用很温和的言语，规劝了他一番。这番规劝，竟使富兰克林从此一改往日的行为，变得谦虚起来。从此，他慢慢得到了周围人的尊重，拥有了丰富的人脉资源，最终踏上了成功之路。

父亲的那位挚友是这样对富兰克林说的："孩子，你想想看，你那不肯尊重他人意见、事事都固执己见的行为，结果将会使你怎样呢？人家在遭受了几次难堪的境地后，谁也不会愿意再听你那一味矜夸骄傲的言论了。你的朋友们将一一远离你，免得受你一肚子气，结果是你将不能交到好朋友，也不能从别人那里获得半点儿帮助。再说，你现在所知道的事情，老实地说，有限得很，根本不管用。"

富兰克林听了这一番话，大为感慨，思考了多日，深知自己过去的错误，决心从此痛改前非，从此，他的言行变得谦恭，时时慎防有损别人的尊严。

不久，富兰克林便从一个被很多人鄙视并拒绝与其交往的自负者，成为受人欢迎的交际高手了。而富兰克林一生事业发展得也很好，实际上得益于这次谈话。

**如果富兰克林当时没有接受这样一位长辈的劝勉，仍旧事事一意孤行，不把他人放在眼里，那结果一定不堪设想，美国也会少一位伟**

大的领袖。

犹太人认为，自大、自满是危险的，因为太自以为是将会使你被周围的人厌恶，给别人留下不好的印象，这样你所能交上的新朋友，永远没有你所失去的老朋友多，直到你被亲朋好友遗弃。试想，做人到了那种地步，别说发展了，就连基本的生活乐趣恐怕都没有了。所以，谦虚谨慎，是一个有涵养的人对自己的基本要求。谦虚谨慎的人不喜欢夸夸其谈、摆架子、盛气凌人，他们谨言慎行，虚心低调，行动多于语言。

杰斐逊出身于贵族家庭，他的父亲曾经是军中的上将，母亲是名门之后。当时的贵族除了发号施令以外，很少与平民百姓交往，因为他们看不起平民百姓。

然而，杰斐逊没有秉承贵族阶层的恶习，他主动与各阶层人士交往。杰斐逊的朋友中不乏社会名流，但更多的是普通的园丁、仆人、农民或者贫穷的工人。

杰斐逊善于向各种人学习，认为每个人都有自己的长处。有一次，他对法国伟人拉法叶特说："你必须像我一样到民众家去走一走，看一看他们的菜碗，尝一尝他们吃的面包，只要你这样做了，你才会了解到民众不满的原因，并会懂得正在酝酿的法国大革命的意义了。"

杰斐逊由于作风扎实，深入实际，务实肯干，最终成为深受民众欢迎的总统。

谦虚谨慎的人有自知之明，他们面对成功、荣誉时不骄傲，而是将其视为一种激励自己继续前进的力量；他们面对逆境、困境时不消沉，而是将其作为锻炼自己的机会。他们既不会陷在荣誉和成功的喜悦中不能自拔，也不会把荣誉当成“包袱”背起来，或沾沾自喜于“一得”之功，从此，不再进取，自然，他们更不会因逆境一蹶不振。

古希腊著名哲学家苏格拉底，不但才华横溢、著作等身，而且广招门生、奖掖后进。每当人们赞叹他学识渊博、智慧超群的时候，苏格拉底总是谦逊地说：“我唯一知道的就是我自己的无知。”

牛顿是科学史上的巨人之一。他发现了万有引力定律，建立了成为经典力学基础的牛顿运动定律；他进行了光的分解而创立了光学；在热力学方面，他确定了冷却定律；在天文学方面，他创制了反射望远镜，考察到了行星运动规律，科学地解释了潮汐现象，预言了地球不是正球体；在数学方面，他是微积分学的创始人……

恩格斯在《英国状况》一文中对牛顿的伟大成就赞叹不已，然而牛顿自己却非常谦逊。在他临终的时候，来探望他的亲朋好友在病榻边对他说：“你是我们这个时代的伟人……”牛顿听了“伟人”二字后摇摇头说：“不要那么说，我不知道世人怎样看我，我自己只觉得好像是一个在海滨玩耍的孩子，偶尔拾到了几枚光亮的贝壳。但真理的汪洋大海在我眼前还未被认识、被发现。”停顿了片刻，牛顿又说：“如果说我比笛卡尔看得远些，那是因为我站在了巨人们的肩膀上。”说完这段话，他平静地闭上了眼睛。

“度德而处之，量力而行之。”当我们想问题、办事情、定理想的时候，应该仔细度量自身，明确哪些可以办到，哪些不能办到，然后再确定目标、选定方法、安排步骤、落实行动。

第三章

# 犹太人的处事经典智慧

# 目标是奋斗的结果

《塔木德》说："只要有了目标，我们就什么都能做到！"

犹太人的目标性非常强，他们认为奋斗目标是一个人的动力核心，它能改变人的价值观，包括信念、决策模式和行为方式，进而赋予人前进的力量。人的一生不能没有一个明确的目标和方向。目标与方向主导着人一生的命运与成就，是驱使人不断向前迈进的原动力。若一个人心中没有一个明确的目标，就会虚耗精力与生命，犹如一辆没有方向盘的超级跑车，即使拥有最强有力的引擎，最终也仍是废铁一堆，发挥不了任何作用。

所以，一个人需要为自己制订一个目标，一个能激励自己、给自己希望的目标。

爱因斯坦所取得的成功，是世界公认的，他被誉为20世纪最伟大的科学家。爱因斯坦之所以能够取得如此令人瞩目的成绩，和他一生具有明确的奋斗目标是分不开的。

爱因斯坦出生在德国的一个贫苦犹太家庭，家庭经济条件不好，加上他小学、中学时成绩平平，虽然有志往科学领域发展，但他有自知之明，知道必须量力而行。

爱因斯坦认为，自己虽然总的成绩平平，但对物理和数学兴趣浓厚，成绩较好。自己只有在物理和数学方面确立目标才能有所成就，而其他方面是不及别人的。因此爱因斯坦在读大学时，选择了瑞士苏黎世联邦理工学院物理学专业。

由于奋斗目标选得准确，爱因斯坦的个人潜能得以充分发挥，他在26岁时就发表了科研论文《分子尺度的新测定》，以后几年又相继发表了4篇重要科学论文，发展了普朗克的量子概念，提出了光量子除了有波的形状外，还具有粒子的特性，圆满地解释了光电效应，宣告了狭义相对论的建立和人类对宇宙认识的重大变革，取得了前人未有的显著成就。

可见确立目标的重要性。假如爱因斯坦当年把自己的目标确立在文学上或音乐上(他曾是音乐爱好者)，恐怕就难以取得像在物理学上这么辉煌的成就了。

爱因斯坦是一个善于根据目标的需要进行努力奋斗的人，他使自己有限的精力得到了充分的利用。爱因斯坦创造了高效率的定向选学法，即在学习中找出能把自己的知识引导到熟悉的领域上的方法，抛弃使自己头脑负担过重和会使自己偏离既定目标的一切事物，从而使自己能够集中力量和智慧达到选定的目标。

爱因斯坦一生所取得的成就与自己选定的目标是紧密相关的，他从选定目标的那一刻起，就将其作为自己努力的方向，倾尽毕生的心血去奋斗，最终取得成功。

1952年，以色列国鉴于爱因斯坦科学成就卓越，声望颇高，加上他又是犹太人，在该国第一任总统魏兹曼逝世后，便邀请爱因斯坦接受总统职务。爱因斯坦婉言谢绝，他坦然承认自己不适合担任总统这一职务。原因很简单，他觉得这不是自己最初定下的奋斗目标。

现今，很多人设立目标飘忽不定，经常是今天想搞学问，明天想创办企业，后天又想做个职业经理人……飘忽不定的目标无法使之化为人奋斗的动力。人只有经过认真思考，切实明确适合自己的奋斗目标，才能坚持不懈地朝着目标去努力，成功才会离自己越来越近。

有这样一个故事：

一个酷爱自然的人每年10月都要去看野鸭南飞的景观。有一年，他大发慈悲之心，带了一大袋饲料，到湖边去喂野鸭。野鸭吃过饲料后，有些就不再辛苦地向南飞了，而是在他喂食的湖里过冬。

这个人此后每年都带饲料来，向南飞的野鸭越来越少，四五年之后，留在本地的野鸭变得又肥又懒，根本就飞不起来了。最终，野鸭们放弃了“南方”那个目标。究其原因，是它们不思进取所致。

**明确目标是实现梦想的阶梯和动力。人要想成功，首先要有一个明确的目标，这样才有努力的方向。**

有位哲学博士在田野中漫步时，发现水田中新插的秧苗排列得非常整齐，犹如用尺子丈量过一般。他不禁好奇地问田中工作的老农是如何办到的。老农忙着插秧，头也不抬，要博士自己取一把秧苗插插看。博士卷起裤管，很快地插完一排秧苗，结果却参差不齐。他再次请教老农，如何能插一排笔直的秧苗。老农告诉他，在弯腰插秧的同时，眼睛要盯住一样东西，然后朝着那个目标前进，即可插出一列笔直的秧苗。

博士依言而行，不料这次插好的秧苗，竟成了一道弯曲的弧形，划过了半边的水田。他又虚心地请教老农，老农问他：“你的眼睛是否盯住了一样东西?”博士答道：“是啊，我盯住那边吃草的一头水牛，那可是一个大目标啊!”

老农笑着说：“水牛边走边吃草，而你插的秧苗也跟着移动，你想，这道弧形是怎么来的?”

博士恍然大悟。后来他选定了远处的一棵大树，结果所插秧苗整齐划一。

成功的果实如同田里排列整齐的秧苗。你是愿意拥有一片排列整齐的漂亮秧苗，还是参差不齐、扭曲歪斜的秧苗？一个人只有朝着一个目标坚定不移地奋斗，才能取得最后的成功，犹太人在确立目标的过程中注意使其与个人实际情况、周边环境相契合，最终把奋斗目标确立在可行的基础上，最终取得了成功。

# 乐观精神是“调整”出来的

《塔木德》说：“如果折断了一条腿，你就应该感谢上帝没有折断你两条腿；如果你折断了两条腿，你就应该感谢上帝没有折断你的脖子。”

乐观精神是犹太民族生存下来的精神支柱之一。犹太人认为，乐观精神是人生奋斗的一笔巨大的财富。乐观者即使处在灾难中，看到的也应是希望，这样就具有了乐观精神；而悲观者如果身处希望中，看到的仍是悲观景象，那么最终得到就会是灾难。

曾经有一场被视为“破烂拍卖会”的拍卖。拍卖商走到一把看起来非常旧、非常破、样子磨损得非常厉害的小提琴旁，拿起小提琴，拨了一下琴弦，结果发出的声音跑调了，难听得要命。他看着这把又旧又脏的小提琴，皱着眉头、毫无热情地开始出价，10 美元，没人接手。他把价格降到5美元，还是没有反应。他继续降价，一直降到1美元。他说："1美元，只有1美元。我知道它值不了多少钱，可是区区1美元你就能把它拿走！"

拍卖商说完，一位头发花白、留着长长的白胡子的老人走到他面前，问拍卖商能否看看这把琴，拍卖商同意了。老人拿出手绢，擦起琴来，然后慢慢拨动着琴弦，一丝不苟地给每一根弦调音。最后，老人把这只破旧的小提琴放到下巴上，开始演奏。美妙的旋律从这把破旧的小提琴上流淌出来。

拍卖商又问起价是多少。一个观众说100美元，另一个观众说200美元，然后价格一直上升，直到最后以1000美元的价格成交。

为什么有人肯花1000美元买一把破旧的曾经1美元都没人买的小提琴？这是因为，它已经被调准了音，能够弹出优美的乐曲。其实，人也像一把小提琴，心态好比琴弦，调整好了心态，人自信起来，别人就不会轻视你的价值。

人生不如意十之七八。决定人们幸福或不幸福、快乐或痛苦的，不是身处的处境，而是自己的心态。人生路上，不管发生了多少令人不愉快的事情，只要保持阳光心态，勇敢地面对，就不会被艰难险阻打败。有一句话值得我们永远牢记：积极的心态像太阳，照到哪里哪里亮。

有位刚毕业的大学生，应征入伍，得知将被分到最艰苦也最危险的海军陆战队去服役。

这个年轻人开始忧心忡忡。在大学任教的祖父见孙子一副魂不守舍的模样，便开导他说：“孩子啊，这没有什么好担心的。到了海军陆战队，你将会有两个机会，一个是留在内勤部门，一个是分配到外勤部门。如果你分配到了内勤部门，就完全用不着担惊受怕了。”

年轻人问爷爷：“那要是我被分配到外勤部门呢？”

爷爷说：“那同样会有两个机会，一个是留在美国本土，另一个是分配到国外的军事基地。如果你被分配到和平友善的国家，那也是件值得庆幸的好事。”

年轻人问：“爷爷，那要是我不幸被分配到维和地区呢？”

爷爷说：“那同样也有两个机会，一个是依然能够保全性命，另一个是完全救治无效。如果尚能保全性命你还担心什么呢？”

年轻人问：“那要是完全救治无效怎么办呢？”

爷爷说：“那也还是有两个机会，一个是作为勇于冲锋陷阵的国家英雄而死，一个是唯唯诺诺躲在别人后面而不幸遇难。你当然会选择前者，既然成为英雄那还有什么好担心的？”

是的，就像上面故事中说的那样，无论人生遇到什么样的际遇，都会有两个机会，一个是“好机会”，一个是“坏机会”。“好机会”中藏匿着“坏机会”，而“坏机会”中又隐含着“好机会”。“好机会”还是

“坏机会”，关键是我们以什么样的眼光、什么样的视角去看待它们。如果用乐观豁达、积极向上的心态去看待，那么，“坏机会”也会转变为“好机会”；如果用消极、悲观沮丧的心态去对待，那么，“好机会”也会被看成是“坏机会”。危机即转机，任何事物都是辩证的。

佛烈德·富勒·须德是费城《告示报》的编辑。有一次，他在大学毕业班演讲，忽然向大家问道：“有多少人锯过木屑？”

全班愕然，没有一个人举手。

“当然，你们不可能去锯木屑。”须德说，“因为木屑是已经锯下来的。所以过去了的事情也是一样，当你为那些已经做过的事情忧虑重重时，你只不过是在锯木屑而已。”

戴尔·卡耐基对“不要去锯木屑”的说法也是非常赞赏。

卡耐基曾经问过81岁高龄的棒球老将杰克·邓普赛：“你有没有为输了的比赛烦恼过？”

“噢，有的，我年轻时常常这样。”邓普赛回答说，“可是最近几十年来，我再也不干这种傻事了。”

“为什么是傻事呢？”卡耐基不解地问。

“磨完的粉子不能再磨，因为水已经把它们冲到底下去了。”

对此，卡耐基感叹良深：“磨完的粉子不能再磨；锯木头剩下的木屑不能再锯；已经过去的事情，就不要再去纠结了！”

是的，我们不要去“锯木屑”。生活中对于失败和挫折的忧虑，我们要尽量将其减少到最小的程度，要用美好的心灵去看世界，用乐观的精神去面对人生，人多一分感激，就会少一分抱怨，多一分肯定，就少一分挑剔，这是我们应具备的乐观精神，也是犹太人提出的乐观精神的核心。

# 潜力助人成功

《塔木德》说："想到就要做到，勤于自我潜力发掘，就能让生命长上翅膀。"

犹太人对发掘自我潜力极为推崇。在犹太人看来，人有两个生命，一个是父母给的，一个是自己赋予自己的，天生的改变不了，而后天的自己赋予自己的则可以发展完善，即只有发掘自己的潜能，才能保持生命的创造力。

20 世纪 70 年代，美国当代著名心理学家斯坦福大学心理学教授阿尔伯特·班杜拉提出了"成功者不一定认为自己最棒，而是相信自己能做到"的理论。他说，成功人士的重要特质之一是拥有发掘自我潜能的能力。

犹太商人非常重视培养自己的"财商"，他们认为，拥有"高财商"，不仅可以懂得如何更多更好地创造财富，同时可以发掘自己的潜能，不让财富机遇悄然溜走。

很多成功的犹太人，在他们还是不起眼的普通人的时候，他们就深深地相信，他们能“做到”！

“我虽笨，但我可以做成这件事！”

“我虽丑，但我偏偏就是可以做成这件事！”

“我虽穷，但我无论如何都可以做成这件事！”

犹太人认为：“成事不在天，而在我本人！我拥有每一分的控制权，我决定做事是否会做成功！”因为犹太人善于发掘自我潜力，所以，即使遇到了挫折和障碍，他们也能够在艰难险阻中继续前行！

拿破仑·希尔说：“为了有效解决问题，首先你要强烈地相信自己能够做到。”哈佛大学曾做过一项关于学习新知识的调查研究，研究人员发现，没有计划过如何完成作业的学生，作业的正确率只有55%，而预先做过详细计划的学生，作业的正确率竟接近100%！

有一个有趣的心理试验，研究人员把水平相当的足球队员分为三个小组，要求第一个小组停止练习射门一个月；第二个小组被要求在一个月之内每天下午在球场上练习射门一个小时；第三个小组则被要求在一个月中每天在自己的想象中练习一个小时的射门。

研究人员在一个月后公布结果：第一组射门的成功率由39%降到

37%，第二组射门成功率由39%上升到了41%，这两组的数据都在大家的预料之中。但是第三组的结果却令人感到极为意外：他们射门的成功率由39%上升到了42.5%！

在想象中练习射门技术，怎么能够比实地练习提高得还要快呢？

其实这正是他们在思维中模拟成功的效果——在第三组足球队员的想象中，他们踢出的球都射中了球门。

上述故事中的第三组球员，他们不断地创造或者模拟着他们想要获得成功的过程，这些过程不停地激励着他们，使他们想象自己就是一个成功者，结果，他们真的成了成功者。而失败者，不自信，遇挫折不敢前行，不敢创新，思想中更多的是对失败的担心和畏惧，结果，他们就真的成了失败者。

所以，在前往成功的道路上，"敢做"具有决定命运和结局的力量，这也是一个普遍的真理。伦敦大学的罗勃·博哈利博士在教导智障孩子学习时说："想一个你认识的很聪明的人，然后闭上双眼，想象你就是那个聪明人。"孩子们照做后，接下来的测试结果显示，他们的分数都有显著提高。

为什么会如此神奇呢？因为当你调动了全部身心，投入到非常生动的想象中去时，大脑的潜意识便分辨不出什么是现实，什么是想象，然后大脑就会按照你在想象时创造的记忆线路，自动下达行动指令，引导你走向你强烈设想的情境。

詹姆斯·纳斯美瑟少校梦想在高尔夫球技上获得突飞猛进，于是发明了一种独特的方式以达到目标。在此之前，他的水平和一般在周末才练的人差不多，水准在中下游。但在以后的7年间，他几乎没碰过球杆，没踏进过球场，却使用思维让自己的“球技”大大提高。

原来，在这7年间，纳斯美瑟少校使用了令人惊叹的“先进技术”来提高他的球技——这个“技术”人人都可以效仿。他运用这种方法，在他7年后第一次踏上高尔夫球场时，就打出了令人惊讶的74杆。这比他以前打的平均杆数仅低20杆，而他却7年未上场！真是难以置信。

纳斯美瑟少校这7年是在越南的战俘营中度过的。7年间，他被关在一个笼子里。绝大部分时间他都被囚禁着，看不到任何人，没有人和他说话，他也没有任何体能活动。刚开始的几个月他什么也没做，只祈求着赶快脱身。后来他意识到自己脱不了身，必须发明某种方式，使之占据心灵，不然他会发疯或死掉，于是他学习建立“心像”。

在他的心中，他选择了最喜欢的高尔夫球，想象着打起了高尔夫球。每天，他在幻想中的高尔夫乡村俱乐部打18洞。他看见自己穿着高尔夫球装，闻到了绿树的芬芳和草的香气。他还尝试着体验不同的天气状况，在他的想象中，球台、草、树、啼叫的鸟、跳来跳去的松鼠、球场的地形都历历在目。他感觉自己的手握着球杆，练习各种推杆与挥杆的技巧。他看到球落在修整过的草坪上，跳了几下，滚到他所选择的特定点上，而这一切都在他的想象中发生着。

在很多人看来，詹姆斯·纳斯美瑟少校的“心像术”是一种徒劳无功、不切实际的幻想，但实际上，这种“心像”最终帮助纳斯美瑟少校不仅摆脱了囚徒的困境，而且培养了他热爱生活、追求理想的好心态。

这听起来不可思议是吗？可它就是事实。当你每天在脑海里预演实现目标的情景时，首先，这种方法会使你大脑的网状系统得到调整，让你调动任何“能帮助你实现目标”的因素，同时使你抛弃那些干扰你成功路线的因素。其次，这种方法会刺激你的潜意识，这样你的思维会变得灵活起来，一些能够达成理想和目标的方法便会被创造出来。最后，形象化设想能够提高你的积极主动性，使你更加自信。结果，你会发现自己能完成很多以前自己不敢去做或认为不能做到的事情。

英国小说家毛姆曾说：“人生实在奇妙，如果你坚持只要最好的，往往都能如愿。”人的每一个梦想，只要持之以恒努力去做，都会成真。所以，人只要不向逆境低头，敢于行动，发掘自身潜力，就能获得成功。

拿破仑·希尔曾经做过这样一个试验，他问一群学生：“你们有多少人觉得我们可以在30年内废除所有的监狱？”

学生们觉得很不可思议，他们怀疑自己听错了。一阵沉默后，拿破仑·希尔又重复了一遍："你们有多少人觉得我们可以在30年内废除所有的监狱？"

确信拿破仑·希尔不是在开玩笑之后，有个学生站起来大声反驳："这怎么可以，要是把那些杀人犯、抢劫犯以及强奸犯全部释放，你想想会有什么可怕的后果？这个社会别想得到安宁了。无论如何，监狱是必须存在的。"

其他学生也开始七嘴八舌地讨论："放了犯人，我们正常的生活会受到威胁。""有些人天生心肠坏，改不好的。""监狱可能还不够用呢！""天天都有犯罪案件发生！"还有人说："有了监狱，警察和狱卒才有工作做，否则他们都要失业了。"

拿破仑·希尔接着说："你们说了各种不能废除的理由。现在，我们来试着相信可以废除监狱，假设可以废除，我们该怎么做。"

学生们勉强把这个话题当成试验，开始静静地思索。过了一会儿，有学生犹豫地说："成立更多的青年活动中心，应该可以减少犯罪事件。"

不久，这群在10分钟以前持反对意见的学生，开始热心地参与了话题的讨论，纷纷提出了自己认为可行的措施。"先消除贫穷，因为低收入阶层的犯罪率较高。""采取预防犯罪的措施，辨认、疏导有犯罪倾向的人。""借医学方法来医治某些罪犯。"……

最后，学生们总共提出了78种废除监狱的构想。

人在很大程度上，想法决定了事情的结果。当一个人认为某件事不可能做得到时，他的大脑就会为他找出种种做不到的理由。但是，当他真正相信某一件事确实可以做到，他的大脑就会帮你找出能做到的各种方法。所以说，潜力助人成功。

## 成功建立在失败的基础上

犹太人认为，人要想干成一番事业，难免会遭遇挫折、困难和艰辛。然而，挫折、困难、艰辛只能吓住那些性格软弱的人。对于真正坚强的人来说，任何逆境都难以迫使他们就范。相反，困难越多，对手越强，他们就感到越有拼搏的动力。

有一个男人，他从记事起，就知道父亲是个赌徒，母亲是个酒鬼。父亲赌输了，打完母亲再打他；母亲喝醉后，同样也是拿他出气。在拳打脚踢中，他渐渐地长大了，但经常是鼻青脸肿，甚至皮开肉绽。好在那条街上的孩子大都与他一样，成天不是挨打就是挨骂。

当他跌跌撞撞上到高中时，他便辍学了。但街头鬼混的日子让他倍感无聊，而镇上绅士淑女们蔑视的眼光更让他觉得自惭形秽。他一次次地问自己：这样下去，自己不是和父母一样了吗？自己会成为

"社会垃圾"，带给别人、留给自己的都是痛苦。难道自己一辈子就在别人的白眼中度过吗？

在一次又一次的痛苦追问后，他下定决心走一条与父母截然不同的道路。但怎样做呢？他长时间地思索着。从政，可能性几乎为零；进大企业去发展，学历与文凭是不可逾越的高山；经商，没有本钱……最后，他想到了当演员。这一行既不需要学历，也不需要资金，对他来说，强壮的身体是他唯一的本钱。当演员实在是条不错的出路。可他有当演员的条件吗？相貌平平，又无表演天赋，再说他也没受过什么专业训练！但是，决心已下，目标已定，他相信自己能吃世间所有的苦，于是他开始了自己的"演员"之路。

他来到好莱坞，找明星，找导演，找制片，向一切可能使他成为演员的人恳求："给我一个机会吧，我一定会演好的！"很不幸，他一次又一次地被拒绝了，但他并未气馁。他知道，失败一定是有原因的，每被拒绝一次，他就认真反省、检讨，然后再度出发，寻找新的机会。为了维持生活，他在好莱坞打工，干笨重的零活。

两年一晃而过，他被拒绝了1000多次。

面对如此沉重的打击，他暗自垂泪，"难道真的没有希望了吗？难道赌徒酒鬼的儿子就只能做赌徒酒鬼吗？不行，我必须继续努力！"

他想，既然直接做演员的道路艰难，那么能不能换一种方法呢？他尝试着"迂回前进"：先写剧本，待剧本被导演看中后，再要求当演员。

毕竟，此时的他已不是初来好莱坞的门外汉了，两年多的耳濡目染，加上每一次拒绝都是一次学习和进步……他大胆地动笔了。

一年后，剧本写了出来，他又拿着剧本遍访各位导演："这个剧本怎么样？让我当主演吧！"很多导演认为他的剧本还可以，但让他这样一个无名之辈做主演，那简直是天大的玩笑。不用说，他再次被拒之门外。

面对拒绝，他不断地鼓励自己："不要紧，也许下一次能行，下下次……"在他遭到1300多次拒绝后，一位曾拒绝了他20多次的导演对他说："我不知道你能不能演好，但你的精神让我感动，我可以给你一个机会。我要把你的剧本改成电视连续剧，不过，先只拍一集，让你当男主角，看看效果再说。如果效果不好，你便从此断了当演员的念头吧。"

为了这一刻，他已做了3年多的准备，机会是如此宝贵，他怎能不全力以赴？3年多的恳求，3年多的磨难，3年多的潜心学习，让他将生命融入了自己的第一个角色中。后来幸运女神终于对他露出了笑脸。他的第一集电视剧创下了当时全美的最高收视纪录，他成功了！

现在，他已经是世界顶尖的电影巨星——他就是大家熟悉的史泰龙。

其实，从大多数成功的犹太人的创业经历中我们也可以发现，他们之所以成功，坚持不懈是重要的原因。犹太人认为商机往往隐藏在挫折、困境、坎坷之中，关键看你是否能够通过考验而最终加入强者的行列。

19世纪中叶，发现金矿的消息从美国加州传来。许多人认为这个发财的机会千载难逢，于是纷纷奔赴加州。17岁的犹太人亚默尔也成为这支庞大的淘金队伍中的一员。

淘金梦的确很美，做这种梦的人也比比皆是，越来越多的人纷至沓来，一时间加州遍地都是淘金者，而金子却变得越来越难淘。

不但金子难淘，淘金者的生活也越来越艰苦。当地气候干燥，水源奇缺，许多淘金者不但没有圆致富梦，反而丧身此地。亚默尔经过一段时间的努力，和大多数人一样，不但没有淘到黄金，反而被饥渴折磨得半死。

一天，看着水袋中一点儿也舍不得喝的水，听着周围人对缺水的抱怨，亚默尔突发奇想：淘金的希望太渺茫了，还不如卖水呢。于是亚默尔毅然放弃了淘金，将手中挖金矿的工具变成挖水渠的工具，从远方将河水引入水池，用细沙将水过滤，使之成为清凉可口的饮用水。然后亚默尔将水装进壶里，一壶一壶地卖给淘金的人。

当时有人嘲笑亚默尔，说他胸无大志："千辛万苦地来到加州，不挖金子发大财，却干起这种蝇头小利的小买卖，这种生意哪儿不能干，何必跑到这里来？"

但亚默尔毫不在意，继续卖他的水。哪里有这样好的买卖？把几乎无成本的水卖出去。哪里有这样好的市场？因为所有的淘金者都需要喝到用以救命的水。结果，很多淘金者都空手而归，而亚默尔却在很短的时间内靠卖水赚到了几千美元，这在当时可是一笔非常可观的财富。

人在困难面前能否有迎难而上的勇气，取决于是否有和困难拼搏的心理准备，也取决于是否有依靠自己的力量克服困难的坚强决心。许多人在困境中之所以变得沮丧，是因为他们原先并没有与困难作战的心理准备，受挫、陷入困境时便张皇失措，或者怨天尤人，或者到处求援，或者借酒消愁。而这些做法只能瓦解自己的意志和毅力，客观上帮助困难打倒自己。还有的人，面对不易克服的困难不愿竭尽全力，当面对挫折时，心安理得地寻找理由：“不是我不努力，而是困难太大了。”这种“天亡我，非战之罪也”的归因所保护下来的不是征服困难的勇气和决心，而是自己打败自己的怯弱和灰心。不言而喻，这些人永远也不可能战胜困难。

还有人认为：经受住数十次、数百次挫折的打击而精神不垮，大概需要钢筋铁骨般的坚强意志，一般人是难以做到的。实际上未必如此。坚强的毅力并不单纯来自忍受，还来源于对挫折的科学认识和正确评价。挫折里面包含着成功的因子。一次挫折即是一次经验的积累，而被挫折吓倒的人，与其说是害怕失败，不如说是对挫折缺乏正确的认识。很多人把挫折看作一种不幸和灾难，在开始做事时就抱有“只许成功不许失败”的想法，这种想法不仅不现实，也是不明智的。人在行动前只做成功的打算，不做失败的准备，会削弱对失败的心理承受力，从而在挫折面前变得十分脆弱。

由此可见，用“失败者”和“成功者”很难恰当地形容一个人，它们只能在描述某个特定时间、特定地点的人的状态。也许此时的成功可能连着彼时的失败，也许工作的失败正蕴含着另一项工作的成功。所以，人对挫折、对成功要有正确的认识，那样就不容易被失败打倒，不容易在成功时骄傲。屡经失败确实是一件痛苦的事，但坚强的毅力往往也是从失败中产生。梅花香自苦寒来，人不经历失败，哪有成功的一天呢？

# 树立正确的工作态度

《塔木德》说："人若工作，便为有福。"

犹太人认为，人不能不工作，不劳而获是可耻的。人无论做哪一行，都必须尊重自己的工作，这样才能成为行业精英，才能赚到这一行的钱。

纳尔逊中学是美国一所古老的中学，它是由第一批登上美洲大陆的73个人集资创办的。在这所中学的大门口，有两尊用苏格兰黑色大理石雕成的雕像，左边是一只苍鹰，右边是一匹骏马。

300多年来，这两尊雕像成了纳尔逊中学的标志。它们或被刻在校徽上，或被印在明信片上，或被微缩成微雕摆放在礼品盒中。许多人以为鹰代表着"鹏程万里"，马代表着"马到成功"。可是，仔细研究历史后，人们才了解了这两尊雕像的缘起。

原来，那只鹰所代表的不是“鹏程万里”，它其实是一只被饿死的鹰。这只鹰为了实现飞遍世界的远大理想，苦练各种飞行本领，结果忘了学习觅食的技巧，它在踏上征途的第四天就被饿死了。那匹马也不是什么千里马，而是一匹被剥了皮的马。开始的时候这匹马嫌它的第一位主人——一位磨坊主给的活多，乞求上帝把它换到一位农夫家。上帝满足了马的愿望，可是后来它又嫌农夫给它的饲料少。最后马到了一位皮匠手里，在那儿什么活儿也不用干，饲料也多，可是没几天，它的皮就被剥了下来。

那73个人之所以把这两尊雕塑像立在学校的大门口，为的就是让学生们警醒：真正能把人从饥饿、贫困和痛苦中拯救出来的，是工作、劳动和生存的技能，而不仅仅是理论知识的多与少！因为空洞的理论必须和实践紧密结合才有价值。

一个人的工作表现是他人生态度的再现，而一个人的职业是他志向的展示、理想的所在。所以，了解了一个人的工作态度，在某种程度上就是了解了这个人。

著名管理专家威迪·斯太尔说：“每个人都被赋予了工作的权利，一个人对待工作的态度决定了这个人对待生命的态度，工作是人的天职，是人类共同拥有和崇尚的一种精神。当我们把工作当成一项使命时，就能从中学到更多的知识，积累更多的经验，就能从全身心投入工作的过程中找到快乐，实现人生的价值。这种工作态度或许不会有立竿见影的效果，但可以肯定的是，当‘轻视工作’成为一种习惯时，其结果可想而知。工作上的日渐平庸虽然表面看起来只是损失一些金钱或时间，但是对整个人生将会造成无法挽回的遗憾。”

犹太人的工作态度，是全身心付出，同时向比自己优秀的人学习。在犹太人眼里，工作无小事，培养良好的工作态度是一生享用不尽的财富。

下面是美国的石油大王洛克菲勒写给儿子约翰的一封信，在信中他告诫儿子：“如果你视工作为一种乐趣，人生就是天堂；如果你视工作为一种义务，人生就是地狱。”这是多么积极的工作观！相信每个人读了都会从中受益。他是这样写的：

亲爱的约翰：

我可以很自豪地说，我从未尝过失业的滋味。这并非我运气好，而是因为我从不把工作视为毫无乐趣的苦役，我总能从工作中找到无限的快乐。

我认为，工作是一项特权，它带来比维持生计更多的事物。工作是所有生意的基础，是所有繁荣的来源，也是天才的塑造者。工作使年轻人奋发有为，工作是为生命增添味道的食盐。人们必须先爱工作，然后工作才能给予我们最大的恩惠，从而让我们获得最大的成功。

我初进商界时，时常听说，一个人想“爬”到高峰需要牺牲很多。

然而，岁月流逝，我开始了解到很多正爬向高峰的人，并不是在付出代价。他们努力工作是因为他们真正地喜爱工作。任何行业中往上爬的人都是全身心地投入到正在做的事情中，他们衷心地喜爱所从事的工作，自然也就容易取得成功了。

热爱工作是一种信念。怀着这个信念，我们能把绝望的大山凿成一块希望的磐石。

但有些人显然不够聪明，他们有野心，却对工作过分挑剔，一直在寻找“完美的”雇主或工作。事实是，雇主需要准时工作、诚实而努力的雇员，他只将加薪与升迁的机会留给那些格外努力、格外忠心、格外热心、花更多的时间做事的雇员，因为他在经营生意，而不是在做慈善事业，他需要的是那些更有价值的人。

我永远也忘不了我的第一份工作的经历。那时，我虽然每天天刚亮就得去上班，而办公室点着的油灯又很昏暗，但那份工作从未让我感到枯燥乏味，反而很令我着迷和喜悦，连办公室里的一切繁文缛节都不能让我对它失去热情。而结果是雇主不断地为我加薪。

收入只是你工作的副产品，做好你该做的事，出色地完成你该做的工作，理想的薪金必然会来。我们劳苦的最高报酬，不在于我们所获得的，而在于我们会因此成为什么样的人。那些头脑活跃的人拼命劳作绝对不是只为了赚钱，使他们的工作热情得以持续下去的东西要比只知敛财的欲望更为高尚，他们在从事一项迷人的事业。

老实说，我是一个野心家，从小我就想成为富人。对我来说，我受雇的休伊特·塔特尔公司是一个锻炼我的能力、让我一试身手的好地方。这家公司代理各种商品销售，拥有一座铁矿，还经营着两项让它赖以生存的事业，那就是给美国经济带来革命性变化的铁路与电报。这份工作把我带进了妙趣横生、广阔绚丽的商业世界，让我学会了尊重数字与事实，让我看到了运输业的强大生命力，更培养了我作为商人应具备的能力与素养。所有的这些都在我以后的经商过程中发挥了极大的效能。可以说，没有在休伊特·塔特尔公司的磨炼，在事业上我或许要走很多弯路。

现在，每当想起休伊特·塔特尔公司，想起我当年的老雇主休伊特和塔特尔两位先生时，我的内心就不禁涌起一股感恩之情。那段工作是我一生奋斗的开端，为我打下了奋起的基础，我永远对那三年半的经历感激不尽。

所以，我从未像有些人那样抱怨自己的雇主，说："我们只不过是奴隶，我们被雇主踩在脚下。他们却高高在上，在他们美丽的别墅里享乐。他们的保险柜里装满了黄金，他们所拥有的每一块钱都是压榨我们得来的。"我不知道这些抱怨的人是否想过：是谁给了你就业的机会？是谁给了你建设家庭的可能？是谁让你得到了发展自己的可能？如果你已经意识到了别人对你的压榨，那你为什么不结束压榨，一走了之？

工作是一种态度，它决定了我们快乐与否。同样是石匠，同样在雕塑石像，如果你问他们："你在这里做什么？"他们中的一个人可能就会说："你看到了嘛，我正在凿石头，凿完这个我就可以回家了。"

这种人永远视工作为惩罚，从他嘴里最常吐出的一个字就是“累”。

另一个人可能会说：“你看到了嘛，我正在做雕像。这是一份很辛苦的工作，但是酬劳很高。毕竟我有太太和四个孩子，他们需要温饱。”这种人永远视工作为负担，从他嘴里经常吐出的一句话就是“养家糊口”。

第三个人可能会放下锤子，骄傲地指着石像说：“你看到了嘛，我正在做一件艺术品。”这种人永远以工作为荣，以工作为乐，从他嘴里最常吐出的一句话是“这个工作很有意义”。

天堂与地狱都是自己建造的。如果你赋予工作意义，不论工作的内容如何，你都会感到快乐。自我设定的成绩不论高低，都会使你对工作产生乐趣。可如果你不喜欢做的话，任何简单的事都会变得困难、无趣。当你叫喊着这个工作很累人时，即使你不卖力气，你也会感到精疲力竭；反之，则大不相同。

约翰，如果你视工作为一种乐趣，人生就是天堂；如果你视工作为一种义务，人生就是地狱。检视一下你的工作态度，那会让我们都感到愉快。

一个成功者之所以成功是有原因的。看了洛克菲勒教育儿子树立正确工作态度的书信，你的内心有何感受？是否也受到了巨大的震撼？

犹太人认为，严谨的工作态度会让自己获益良多。很多犹太千万富翁，可以不吃不喝地连续工作十几个小时，还有一些超级富翁，甚至工作到临终时。所以，认真对待你的工作，树立正确的工作态度，不仅是对你的工作负责，也是对你的人生负责。

# 选择利于自己成长、成才的环境

《塔木德》说：“决定人们一生成就的重要因素之一，是环境，不是所谓的‘命运’。”

犹太人认为，环境对于人具有无法抗拒的影响和作用，这种影响是潜移默化的，是非常大的力量，可以说，好的环境造就好人，坏的环境会把人带坏。比如，人们在一个充满爱的环境下生活，会懂得自爱并且学会爱人；人们在一个充满怨恨的环境中生活，则很容易变得自私、怨毒。

环境可以塑造一个人，也可以毁灭一个人。如果生活在一个益于成长的大环境，人往往能更好地成长，更好地发挥自己的才能；如果生活在一个不宜成长的狭小环境中，人受环境影响，往往无法施展自己的才能，甚至会自暴自弃。

《三字经》云：“昔孟母，择邻处。”讲的是孟母为孟子选择利于成长的环境的故事。

孟子的父亲去世得早，他由母亲抚养长大。相传，孟子小时候，和母亲住在墓地旁边，经常会看到穿着孝服的丧葬队伍，唱着送葬的曲子，大声地哭泣。孟子和小伙伴们觉得很好玩，就模仿大人们的样子，跪拜，哭嚎，还用树枝在地面挖个洞，然后将一块石头埋进去。孟子的母亲看到后，非常生气，第二天就带着孟子搬到了市集上，住在一家杀猪屠户旁边。

哪知，天生喜欢模仿的孟子，不久就开始学习商人做起买卖来，迎客、待客、与客人商议价格，样样皆通，表演得有板有眼。母亲看在眼里，急在心里，生怕孩子就这样被耽误了。很快孟母又携孟子再次搬家。

这次孟子一家搬到了一所学校旁边。每天听着朗朗的读书声，看着学生们在老师的带领下读书的样子，孟子也情不自禁地模仿起来。孟母这才舒心地笑了：这是我们应该住的地方呀。

孟母择邻而居，后人把她和北宋文学家欧阳修的母亲、抗金名将岳飞的母亲、晋代名将陶侃的母亲同列为模范母亲的典型，誉为中国“四大贤母”。

孟母的伟大就在于，她充分意识到了外在环境对一个人成长的重要性。所谓“近朱者赤，近墨者黑”的道理也在于此。环境对于一个人的性格形成有重大的影响，尤其对人的性格“好坏”更是非常重要。不光孟母，古今成大事者，很多都是充分意识到了环境的重要性，而有意识地选择了有利于自己的成长环境才得以最终成才的。战国时期的李斯就是一个典型的例子。

据说，李斯没做秦国宰相前，在乡里做一个小官。有一天他上厕所时，无意中发现厕所中的老鼠吃的都是些不干净的东西，而且它们还得偷偷摸摸鬼鬼祟祟地吃，一听到动静，就赶紧躲起来。

李斯想起了粮仓中的老鼠。它们过的可是截然不同的生活：每天享用着吃不完的粮食，住在大屋子里，从来不用担心会受到人的惊扰。

由此，李斯感慨道：一个人到底能否成才，就像这老鼠一样，关键在于身处什么样的环境。于是李斯开始跟随荀子学习帝王之道，学成后，在秦国找到了用武之地，一时声名显赫。

看看，环境对人的影响有多大。古话说：“橘生淮南则为橘，生于淮北则为枳。”所以，人都应该有意识地去寻找、选择和创造最适合自己成长的环境，这样才能不断地充实和完善自己。

国外科学家对幼鼠的实验也表明了外界环境的重要性。科学家在实验中发现，缺乏母爱的幼鼠比那些受到母亲爱护的幼鼠有更强的恐惧心理。

为了弄清其中原因，科学家在那些缺乏母爱的母鼠生下幼鼠后，将其中几只交由那些充满爱心的母鼠抚养，剩下几只则由母鼠自己抚养长大。结果发现，充满爱心的母鼠抚养的幼鼠，其恐惧心理要比那些缺乏母爱者抚养的幼鼠弱得多。

美国心理学家诺尔蒂说："如果孩子生活在批评的环境中，他就学会指责；如果孩子生活在恐惧的环境中，他就学会忧心忡忡；如果孩子生活在羞辱的环境中，他就学会自卑；如果孩子生活在鼓励的环境中，他就学会自信；如果孩子生活在受欢迎的环境中，他就学会关爱别人；如果孩子生活在安全的环境中，他就学会信任；如果孩子生活在赞许的环境中，他就学会自爱；如果孩子生活在互相承认和友好的环境中，他就学会在这个世界上寻找爱。"

环境对人的影响是巨大的，我们切勿等闲视之，我们应时时检查自己所处的环境能否帮助我们成长、成才，是否充满积极正面的力量，里面是否有带领我们往正确方向前进的人。

美国南部某州，每年举行一次南瓜大赛。一位犹太农夫年年都是金奖得主，他每次得奖后，都会把种子分给邻居，从不吝惜。

有人问这位农夫为什么如此"好心"，不怕别人超过自己吗？他说："我这样做其实是在帮自己。"

原来，这位农夫的土地与邻居们的土地相连，如果别人家的南瓜品种都很差，蜜蜂在传花授粉时，势必会使他家的南瓜受到影响，这样就培养不出优质的南瓜。而他“好心”的做法，不仅邻家受益，自家也更受益。

人的成长如培育果实一样，难免会受到周围人的影响。如果你的周围都是平常人，在大环境的影响下，你可能也会变成平常人；假如你的对手都很弱小，因缺少强有力的挑战，你也可能变得弱小。

人虽然很难改变外界环境，但可以选择环境。我们应该选择与乐观向上的人在一起，与优秀的人在一起，与心存远大志向的人在一起，与心地善良的人在一起，与身心健康的人在一起，与志同道合的人在一起，这样，大家互相影响，互相帮助，互相学习彼此的长处，就能共同进步。

中国近代著名文学家林纾在《畏庐琐记》中，记载了这样一个小故事：

有一富裕人家，拥有万贯家财。

一天，主人突发奇想，建起一栋大房子，砌了三道围墙，从各地找了20多位哑女，然后收养了一些弃婴，让哑女们来哺育这些婴儿。

婴儿和哑女不能和外界有任何接触，他们的食物每天由专人从外面运进来。6年后，孩子们都长大了，他们都不会说话，只会通过呦呦的叫声来做简单的沟通。

又过了4年，主人命令将这些孩子从大房子中放出来，使这些孩子可以和外界接触。结果不到一个月，这些孩子都会说话了。

看看环境改变人的力量！语言本来就是人们和外界交流的工具，而人的性格是在长期的生活环境和社会实践中逐步形成的，客观环境的变化往往会使人的性格发生明显的变化。俗话说：物以类聚，人以群分。选择好的工作和生活环境，对性格、气质的培养至关重要。比如，在军营里成长的人就有一股军人气质；在大学生活的人时间长了，就有一种学者风范；同理，经常与地痞流氓在一起的人，就会染上一身的流氓习气。因此，想成为气质高雅、有教养的人，就要与此类人长时间接触，这正是“亲君子、远小人”的道理。

所以，如果你想要乐观向上，那就不要和消极的人来往，因为消极的人会把消极的情绪传染给你。如果你想让内心溢满爱的芬芳，就要选择和那些善于肯定他人、懂得尊重他人的人交往。

当然，人的发展除了受客观环境的影响，也需要人的主观因素起作用。两个人志同道合，才会“一拍即合”；价值观相同，就能“一路同行”。世界上的价值观没有对错，但人与人的价值观是不一样的。如果你身边人的价值观与你的截然不同，你们在同一件事上就很难达成一致。很多时候，一个人与环境格格不入，不一定是这个人做错了什么，也许是环境不适合这个人。举个例子，如果你是个上进的人，而你所在的环境中都是爱玩的人，在他们玩的时候，叫你玩你不玩，那么，在他们眼里，你就是“格格不入”的，那么，你做错了吗？如果没被他们影响还好，如果你受到影响了呢？你是变得更好了，还是变得差了呢？反过来，如果你是个爱玩的人，而你所在的群体都是工作第一的人，别人在努力工作的时候，就你一个人玩，时间长了，你会受影响吗？一定会！

所以，不管你现在身处怎样的环境，只要环境对你的发展不利，而你又没有办法去改变环境，那么，你就需要选择适合自己的环境，不能被动地在不合适的环境里把一生"葬送"。如果你认为自己当下所处的环境无法令你获得成功，你可以去寻找一个能让自己成功的新环境，使自己的潜能得以激发，成功则必然会如期而至。

第四章

# 犹太人的社交经典智慧

# 微笑是重要的"社交手段"

《塔木德》说："微笑，是一把神奇的钥匙。"

犹太商人在与人谈合作时，总会面带微笑，即使遇有不同意见。的确，微笑太重要了，可以让自己有愉快的心情，可以增进他人对你的好感，可以使朋友产生对你的信赖，还可增进自己的健康。

两个素不相识的人，第一次见面时彼此留下的印象，会产生"首因效应"，亦称"第一印象效应"。美国心理学家洛钦斯于1957年首次采用实验方法研究"首因效应"。

洛钦斯设计了四篇不同的短文，分别描写一位名叫杰姆的人：第一篇文章整篇都把杰姆描述成一个开朗而友好的人；第二篇文章前半段把杰姆描述得开朗友好，后半段则把他描述得孤僻而不友好；第三篇与第二篇相反，前半段说杰姆孤僻不友好，后半段却说他开朗友好；第四篇文章全篇将杰姆描述得孤僻而不友好。

洛钦斯请四个组的被试者分别读这四篇文章，然后让这些被试者在一个量表上评估杰姆的为人是否友好。结果表明，人们阅读开朗友好的描写在先的文章时，评估为“友好”的人为78%；反之，评估为“友好”的人则降至18%。通过这个例子，洛钦斯证明了“首因效应”在人际交往中的重要性。

“首因效应”说明，人们根据最初获得的信息所形成的印象不易改变，甚至会影响对后来获得的新信息的判断。实验证明，人们对别人形成的第一印象是难以改变的。在日常交往中，尤其是与人初次交往时，人们往往习惯于依靠第一印象来评价一个人。比如，我们在决定是否与人合作之前，总是先习惯性地用审视的眼光打量对方，如果对对方的印象好，就会很乐意与之合作。可见，“首因效应”在人们的交往中起着非常微妙的作用，只要能准确地把握它，一定能帮助你为自己的事业营造良好的人际关系氛围。

精明的犹太人将“首因效应”巧妙地运用到他们的自身人际交往以及企业形象塑造中。《塔木德》说：“人在自己的故乡所受的待遇视风度而定，在别的城市则视服饰而定。”也就是说，在故乡，人们对熟人的评价并不受衣着的影响，因为人们了解这个人。但是一个人如果到了他乡，往往会被当地人“以貌取人”，所以，重视自己的外表很重要，同时要多通过言谈举止了解他人。

20世纪30年代欧洲某国的一个小乡村里，住着一位犹太传教士，他每天早晨按时到一条乡间小路上散步，在路上无论见到任何人，他都会面带微笑并热情地打一声招呼："早安。"

有一个叫阿米勒的年轻农民，起初对这位犹太传教士的问候反应特别冷漠。因为在当时，当地的居民对犹太传教士和犹太人的态度都很不友好。

然而，年轻农民的冷漠并未改变犹太传教士的热情。每天早上，犹太传教士仍然会向这个一脸冷漠的年轻农民道一声"早安"。

就这样，年复一年，日复一日，犹太传教士在这个村子里快乐地生活着，直到纳粹党开始上台执政。

不幸的事情终于发生了，犹太传教士与村中所有的人都被纳粹党集中关起来，送往集中营。当走下火车，众人列队前行的时候，有一个手拿指挥棒的指挥官在前面挥动着棒子，叫着："左，右。"当时，左、右的含义"不同"。如果是向左，就是死路一条；如果是向右，则还有生存的机会。

终于，轮到了这位犹太传教士。他的名字被这位指挥官点到了，他浑身颤抖地走上前去。当他无助地抬起头时，不知是不是上帝有意安排，他的眼睛一下子和指挥官的眼睛相遇了，原来这位指挥官正是阿米勒。

犹太传教士习惯性地脱口而出："早安，指挥官先生。"

指挥官的脸上虽然没有任何表情变化，但仍然禁不住还了一句问候："早安。"声音低得只有他们二人才能听到。出人意料的是，犹太传教士被指向了右边——他有了活下去的希望。

人，本来就很容易被感动，而感动一个人靠的未必是慷慨的施舍或者巨大的投入。一句热情的问候，一个灿烂的微笑，往往就能温暖一个人的心灵。

在犹太人的"驭人"智慧里，微笑是很重要的社交"手段"，这也是为他们带来财富、成功的重要因素之一。

酒店大亨希尔顿在巡视旗下酒店时，总会微笑着问员工："今天，你对客人微笑了吗？"

当被问到他为什么要微笑着而不是严肃地问员工时，希尔顿说："第一，员工为我做了我不想做的事，社会工种有三六九等，尽管我们一直在强调要平等地对待从事不同工种的人，但是实际上离平等还有很大的距离。从另一个侧面来看，社会上之所以还在呼吁平等，原因就在于不平等的现象还普遍存在。就冲着这点，就该对下属微笑，感谢他们为部门为酒店所付出的劳动，因为真诚的微笑是这个世界上最单纯的礼物。第二，下属或许刚出校门，或许是一个自卑的人，或许他工作了多年都没有得到过晋升，或许……一句话，下属比我们更需要具有成就感、具有权利性。下属视我们为偶像，或是模仿的对象，因此，我们的鼓励和肯定对他们来说是莫大的支持。而我给他们一个微笑，可以让他们对自己充满信心，有勇气地朝着目标走下去。”

希尔顿可谓深得犹太人“驭人”之道的精髓，把“微笑管理”发挥得淋漓尽致。

微笑管理不是用微笑代替管理，而是强调在管理的过程中，管理人员要发自内心地对下属表示尊重、信任和关怀，并用微笑来不断传递这些信息，让员工消除紧张、压抑的工作情绪，使员工增添信心和力量，让员工更积极、更乐意、更主动地做好工作。

人只有自己每天保持良好的心情和积极的心态，才能以微笑去感染和激励他人。试想，一个经常愁云密布，时不时会提高嗓门大声呵斥他人的人，与他合作的人每天除了战战兢兢、对其敬而远之、阳奉阴违外，能从内心真正对他友好吗？

有这样一个经典案例：

美国著名的企业家吉姆·丹尼尔就是靠着一张“笑脸”神奇般地挽救了濒临破产的企业。并且，丹尼尔还把一张“笑脸”作为公司的标志，公司的厂徽、信笺、信封上都印上了一个乐呵呵的笑脸。

由于丹尼尔总是以微笑奔走于各个车间，颁布公司的命令，进行企业管理，结果，员工们渐渐地都被他感染，公司在几乎没有增加投资的情况下，生产效益提高了80%。

当然，除了微笑之外，其他的许多细节也能提升形象，产生良好的“首因效应”。但微笑是最直接的，也是最容易让人看到的。下面我们谈谈除了微笑，还有哪些细节可以帮助完善人的“第一印象”。

**(1)显露自信和朝气蓬勃的精神面貌**

自信是人对自己的才干、能力、知识素质、性格修养及健康状况、相貌等的一种自我认同和自我肯定。研究表明：一个人要是走路时步履坚定，与人交谈时谈吐得体，说话时双目有神，正视对方，善于运用眼神交流，就会给人自信、积极向上的感觉。

**(2)待人不卑不亢**

“不卑”就是不卑躬屈膝，“不亢”就是不骄傲自大，“不卑不亢”就是不做出讨好、巴结别人或傲慢的姿态。待人不卑不亢、有分寸，能让他人感觉你是个成熟、稳重的人。比如，在参加面试时，对主考官微笑着说：“谢谢您抽出宝贵的时间来面试我。”这样一种不卑不亢的态度很可能给主考官留下极好的印象。

**(3)衣着得体，仪表大方**

有些人习惯于不修边幅，认为这属于个人私事，不过在一个新环境里，在别人对你还不完全了解的情况下，打扮得过分随便有可能引起他人误解，给他人留下不良的第一印象。事实上，美国有学者发现，职业形象较好的人，其工作的起始薪金比不大注意形象的人要高出8%～20%。当然，衣着得体、仪表大方并不是非要用名牌服饰包装自己，更不是过分地对自己修饰，这样反而会给人一种油头粉面、轻浮浅薄的印象。

**(4)言行举止讲究文明礼貌**

语言表达要注意简明扼要，不用不恰当的词语；别人讲话时，不要随便打断；不追问自己不必知道或别人不想回答的事情。

**(5)讲信用，守时间**

凡是答应别人的事，一定要办到。而自己没有把握做到的事情，即使不便当面拒绝别人，讲话时也要留有余地。千万不要为了讨好他人，明明办不到的事情也承揽下来，这样只会弄巧成拙，最终引起他人的不满。

以上几点是辅助微笑提升人的素养的简单“手段”，也是容易给别人留下第一印象的细节。每个人只要做好这些，在与人初次见面的时候，就能给对方留下较好的第一印象。这些好的“首因印象”将有助于我们进一步与他人建立关系，进而促进交往、合作的意向，并提高自己的好声誉，而这些对于我们以后的事业、社交的作用是不言而喻的。

# 谦恭是一种高贵的美德

《塔木德》说："与人交往一定要谦虚恭敬，这样才能建立良好的关系。"

很多犹太人在人际交往方面表现得非常谦和，他们认为，谦虚恭敬是成功必备的品德。一个谦恭的商人，在待人接物时也要表现得温文有礼、平易近人，善于倾听他人的意见和建议，要有自知之明，不卖弄财富，不文过饰非，并能主动承担责任，有错误时及时改正。

根据《圣经》的记载，开天辟地时，上帝第一天创造了光，第二天创造了水，第三天创造了花草树木，第四天创造了太阳、月亮和星辰，第五天创造了大鱼和各种飞鸟，第六天创造了牲畜、昆虫和野兽，之后上帝才造出了人，并派人来管理这一切。

那么，为什么人最后才被创造出来呢？《圣经》说，上帝想传达的一个重要观念就是，如果想到连一只苍蝇都比人先创造出来，那人又有什么好狂妄自大的呢？这是上帝为了教导人要对自然恭敬谦虚而进行的巧妙安排。

犹太人很重视谦恭的美德，他们认为，谦恭是一个人内在品德和修养的高度体现。一个人内在品德修养越高，就越谦虚恭敬，越以礼待人。所以，无论你从事何种职业，担任什么职务，在与人交往的过程中都要保持谦虚的态度，尊重他人，对他人恭敬，懂得礼让，这样就能不断进取，增长更多的知识和才干，也会因此而拥有良好的人际关系。

社会上常常会遇到这样一些人：他们才华横溢，充满抱负和追求，喜欢表现自己，生怕自己的能力不为人所知，而且常常显示自己不同于常人的优越感，希望因此得到别人的钦佩和尊重，但结果却常常事与愿违。为什么？因为这些人不够谦恭。

谦恭是一种魅力，能使人受欢迎，令人信任，让人尊敬。

人谦恭并非是自我否定，相反，是有着足够的信心的体现，因为真正有实力的人往往不喜欢炫耀。谦恭使成功的人对于过去的失败有所警惕，对于现在的成功有所感念。谦恭还具有平衡作用，不是要人妄自菲薄，也不是让人感觉高人一等或屈居人下。

英格丽·褒曼在获得了两届奥斯卡最佳女主角奖后，又因在《东方快车谋杀案》中的精湛演技获得最佳女配角奖。

然而，英格丽·褒曼在领奖时，一再称赞与她角逐最佳女配角奖的弗沦汀娜·克蒂斯，认为真正获奖的应该是这位落选者，她由衷地说："原谅我，弗沦汀娜，我事先并没有打算获奖。"

褒曼作为获奖者，没有喋喋不休地讲述自己的成就与辉煌，而是对对手推崇备至，极为尊重对手。一个人能在获得荣誉的时刻，如此善待竞争对手，如此贴心地尊重对方，实在是拥有了一种极高的风度。

有一次，美国空军的著名战斗机试飞员鲍伯·胡佛，完成飞行表演任务后飞回洛杉矶。途中，飞机突然发生严重故障，两个引擎同时失灵。胡佛临危不惧，果断沉着地采取了措施，奇迹般地把飞机迫降在机场。胡佛和安全人员检查飞机时发现，造成事故的原因是用油不对，他驾驶的是螺旋桨飞机，却用了喷气式飞机用油。

负责加油的机械师吓得面如土色，见了胡佛便痛哭不已，因为他一时的疏忽可能造成飞机失事和飞行员的死亡。但胡佛并没有大发雷霆，而是上前轻轻抱住这位内疚的机械师，真诚地对他说："为了证明你能胜任这项工作，我想请你明天来做飞机的维修工作。"

这位机械师后来一直跟着胡佛，负责他的飞机维修。后来，胡佛的飞机再也没有出现过差错。

胡佛虽然身为美国著名的飞行员，但他并不自大，在面对维修师出现如此严重的失误时，也没有批评对方，而是包容对方并激励对方，显示出胡佛豁达的心胸和谦虚的美德。

自大的人，目光只停留在自己身上，不会注意到他人，更意识不到自己跟他人的差距。人只有懂得谦虚，把头低下来，才能进步。

扬名于世的音乐大师贝多芬，谦虚地说自己“只学会了几个音符”。科学巨匠爱因斯坦说自己“像小孩一样幼稚”。居里夫人以谦虚谨慎的品格和卓越的成就获得了世人的称赞，她对荣誉的特殊见解，使很多喜欢居功自傲的人汗颜不已。正是在居里夫人的高尚品格的影响下，她的女儿和女婿也踏上了科学研究之路，并获得了诺贝尔奖，成为令人敬仰的两代人三次获诺贝尔奖的家庭。

人与人之间的交往，一头是利益，一头是情感。谦恭礼让，是君子风范。犹太商人看重钱，又不看重钱，他们提倡“和气生财”的双赢之道。他们在利益、情感的天平上更趋向情感。

谦恭并不表示低三下四，仰视他人，也不表示自己不如别人。相反，谦恭是高贵气质的体现，它需要修养来培育。或许，英国小说家詹姆斯·巴利的话最为中肯：“生活，即是不断地学习谦逊。”

但是如何学习谦逊的品行呢？犹太人认为必须正确认识自我，这样有利于发扬优点，克服缺点。谦恭的人能将优点发扬光大，克服缺点，并常自省自修，充分施展自己的才华，发掘潜能，最终实现自己的价值。

不论你从事何种职业，担任什么职务，只有做到谦恭，才能保持不断进取的精神，才能增长更多的知识和才干。因为谦恭的品格能够帮助你克服不足，永不自满，不断前进，同时也能使你冷静地倾听他人的意见和批评，谨慎地从事。否则，骄傲自大，满足现状，停步不前，主观武断，轻者会使工作、生活受到损失，重者会使事业半途而废。

# 倾听是有效沟通的艺术

《塔木德》中说："要用两倍于自己说话的时间去倾听对方讲话。"

犹太人深知倾听的重要性。犹太人认为，上帝给了人一张嘴、两只耳朵，就是让人多去倾听，少去说。犹太人认为，要与他人建立彼此信任的关系和友谊，首先应该做到多倾听他人的话，多去理解他人。

社交活动家韦恩拥有良好的人际关系，非常受人欢迎，因此他拥有很多朋友。

韦恩经常被人邀请参加聚会、共进午餐、打高尔夫球或网球，甚至担任基瓦尼斯国际或扶轮国际的客座发言人。美国演讲大师罗宾和韦恩是朋友。

一天晚上，罗宾在朋友家的小型社交活动中发现韦恩也在场，当时韦恩正和一个漂亮女孩聊天。出于好奇，罗宾远远地观察着他们，想要弄清楚韦恩为什么这样受欢迎。观察了一段时间后，罗宾发现那位年轻漂亮的女孩一直在滔滔不绝地说，而韦恩只是认真地倾听，甚至没说一句话。他只是有时笑一笑，点一点头，仅此而已。

第二天，罗宾见到韦恩时禁不住问道：

“昨天晚上我也参加了聚会，而且看见你和那个迷人的女孩在一起。她好像完全被你吸引住了，你是怎么做到的?”

“很简单。”韦恩说，“朋友把她介绍给我，我只对她说：‘你的皮肤晒得真漂亮，在冬季也这么漂亮，是怎么做的? 在阿卡普尔科还是夏威夷晒的?’

“‘夏威夷。’她说，‘夏威夷永远都风景如画。’

“‘你能把一切都告诉我吗?’我说。

“‘当然。’她回答。我们就找了个安静的角落，接下去的两个小时她一直在谈夏威夷。

“今天早晨她打电话给我，说她很喜欢跟我聊天。她说很想再见到我，因为我是最有意思的谈伴。但说实话，我整个晚上没说几句话。”

**倾听，并不是简单地用耳朵听，而是一门艺术。倾听是有效沟通的必要部分，是思想达成一致和感情通畅的必经过程。**

**善于倾听，不仅是人际交往的基础，更是赢得良好关系的好方**

法。《塔木德》中说：“人的舌头好似利剑，必须小心使用，否则不但会伤害别人，还会伤到自己。”犹太人还用“药”来比喻语言，认为适量的语言即可奏效，用词过多反而有害。因此，犹太人提倡安静地听，不随便说话，对他人讲的每一句话都要仔细倾听。

艾略特是一个善于倾听的人，他在听别人讲话时，并不是沉默不语，而是以各种身体语言给予回复，这有利于双方的互动。

美国著名的小说家亨利·詹姆士回忆说：“艾略特的倾听并不是沉默的，而是以活动的形式。他直挺挺地坐着，手放在膝上，除了拇指或急或缓地绕来绕去，没有其他的动作。他面对着对方，似乎是用眼睛和耳朵一起听对方说话。他专心地听着，并一边听一边用心地想对方所说的话。最后，对他说话的人会觉得，自己已说了要说的话。”

认真倾听是一种好习惯。倾听并不妨碍插话，但插话一定要适当，并且插的话要合时合宜，内容要实事求是，切莫传播谣言、是非，或夸大其词，令人感觉云里雾里。

中国有这样一句话：“静坐常思己过，闲谈莫论人非。”这句话是告诫我们在无事的时候一定要多多反思自己，切莫谈论别人的是非，更不能无事生非，以免对别人造成不良的影响或者伤害。

辛格曼·弗洛伊德算得上是倾听大师了。一位曾见过弗洛伊德的人，这样描述他倾听别人时的态度：

“那简直太令我震惊了，我永远都不会忘记他。他的那种特质，我从没有在别人身上看到过，我也从没有见过这么专注的人，有这么敏锐的灵魂洞察和凝视事情的能力。他的眼光是那么谦逊和温和，他的声音低柔，姿势很少。但是他对我的那份专注，他表现出的喜欢我说话的态度，即使我说得不好，也是一样，没有丝毫不同，这些真的非比寻常。你真的无法想象，别人像这样听你说话所代表的意义是什么。”

有很多人不喜欢倾听，相反，他们总是制造并传播是非，这些是非有时候会使别人声名狼藉。第二次世界大战时期，美国著名将领麦克阿瑟说过：“对于正面的敌人，我总能应付，但是对于背后的谣言‘阻击’，我却不能保护自己。”连麦克阿瑟这样叱咤风云的五星上将都对来自背后的“冷箭”无能为力，可见背后的“是非话”的威力非同小可，不可小觑。

我国一家知名媒体曾在全国800所中学的60000名高中学生中做了一个有关“你平时最害怕什么”的调查。调查结果显示，超过半数的学生回答说：“最害怕被人背后议论。”可见“人言可畏”，是非话对人的中伤让很多人胆战心惊，谈“非”色变。

古时候，有一个国王，他十分残暴，又刚愎自用。他的宰相却是一个聪慧、善良、贤明的人。国王有个按摩师，是一个爱说是非的人。这个按摩师常常在国王面前搬弄是非，为此，宰相曾严厉地批评过他。从那以后，按摩师便和宰相结下了仇。

有一天，按摩师对国王说："尊敬的国王陛下，请您给我几天假和一些钱，我想去天堂探望陛下的父母。"

昏庸的国王听后很是惊奇，便同意了，并让按摩师代他向自己的父母问好。按摩师选好日子，举行了仪式，跳进一条河里，然后又偷偷爬上了对岸。

过了几天，按摩师趁许多人在河里洗澡的时候，跳进水中又探出头，说自己刚从天堂回来。国王立即召见了按摩师，并问自己父母的情况。

按摩师谎报说："尊敬的陛下，先王夫妇在天堂生活得很好，只不过再有10天，就要被赶下地狱了，因为他们丢失了自己生前的行善簿。所以，为了避免陛下的父母下地狱，恳请宰相亲自去详细汇报一下。为了尽快到达天堂，应该让宰相乘火路去，这样先王夫妻就可以免地狱之灾了。"

国王听完后，立即召见了宰相，让他准备去一趟天堂。宰相听了这些胡言乱语，便知道是按摩师在背后捣鬼。可宰相又不好拒绝国王的命令，心想："我一定要想办法活下来，再惩罚这个奸诈的按摩师。"

第二天凌晨，宰相按照国王的吩咐，跳入一个火坑中，国王命人架上柴火，浇上油，然后点燃柴火，顿时火光冲天。全城百姓皆为失去了正直的宰相而叹息，那个按摩师也以为仇人已死，不免洋洋得意起来。

其实，宰相安然无恙。他早就派人在火坑旁挖了通道，顺着通道回到了家中。

一个月后，宰相穿着一身新衣，故意留着一脸胡子和长发，径直走向王宫。

国王听说宰相回来了，赶紧出来迎接。

宰相对国王说："大王，先王和先后现在没有别的什么灾难，只有一件事使先王不舒服，就是他的脊背最近总是很痛，所以，先王请求陛下派个按摩师去。上次那个按摩师没有跟先王告别，就私自逃回来了，先王很是想念他。还有就是现在水路不通了，谁也不能从水路上天堂去，只能走火路。"

第二天，国王让按摩师躺在市中心的广场上，周围架起干柴，然后命人点上了火。顿时，按摩师被烧得鬼哭狼嚎似的乱叫，这个搬弄是非的家伙终于得到了应有的惩罚。这个按摩师肯定没有想到，杀死自己的不是利剑，而是自己的"舌头"。

说话要谨慎，倾听要有虚心、耐心、诚心和善意，人通过倾听达到认知和理解，使沟通顺畅。当然，人也要管住"舌头"，要避免"口舌之祸"，说话，不仅能增进别人对自己的好感，也是对自己负责对他人负责的一种行为。所以，在生活和工作中，我们应该谨言慎行，管好自己的"嘴"，还有要耐心学会倾听。

# 说话风趣幽默的学问

《塔木德》说："最幽默的人，是最能适应环境的人。"

众所周知，犹太商人是世界上最会赚钱的人，同时，他们的风趣幽默也是出了名的。

犹太人认为，在谈话中带些风趣幽默能够帮助自己迅速建立和谐良好的人际关系，进而为事业的成功奠定基础。

某日，一个牵着狗的男子怒气冲冲地闯进一家犹太商人开的宠物店，对老板大吼道："我在你们店买的这条狗，为的就是让它给我看门、防贼。但是昨天晚上，有个小偷溜进我家，偷走我200美元，可这条狗眼睁睁地看着发生的一切愣是一声没吭。你说气人不气人！"

犹太老板听后，风趣地解释道："这条狗以前的主人是个千万富翁，因此对于你那区区200美元根本就没放在眼里。"

这位老板属于风趣而幽默之人。风趣幽默的人大多能带动气氛，让周围的人一起开心起来，他们不但能看到生活中美好的一面，心态也是积极向上的。

风趣幽默属于乐观之人的特权，既代表了乐观之人的韧性，也代表了乐观之人的胆量。犹太人认为，只有那些内心强大的人，才是乐观的人，才是风趣幽默的人。而那些在困难面前不屈不挠的人，不仅随时随地地运用自己的幽默智慧，而且让幽默成为武器，帮助自己积极乐观地看待逆境。犹太人非常重视幽默，他们常将各种工作、生活经验与感悟融于一则则有趣的幽默故事中并传于后人。

下面我们来看一个关于鹦鹉的故事：

一个人到花鸟市场去买鹦鹉，看到一只鹦鹉前标有这样一句话：这只鹦鹉会2种语言，售价300美元。另一只鹦鹉前木牌则写着：这只鹦鹉会4种语言，售价600美元。

这两只鹦鹉毛色光鲜，模样可爱。但到底该买哪一只呢？这人想啊想啊，一时拿不定主意。忽然他发现，不远处还有一只鹦鹉，忙走过去。原来是一只很老的鹦鹉，毛色暗淡散乱，精神不振，但奇怪的是，这只鹦鹉的价格标签上竟写着1200美元。

于是，这个人问卖鸟人："这只鹦鹉难道会说8种语言？"

卖鸟人是位犹太人，他不紧不慢地说："不。"

这人就有些不解了："它又老又丑又没有突出表现，为什么会值那么多钱呢？"

卖鸟人风趣地回答道："因为它能指挥你看到的那两只鹦鹉高效地干活，是'老板'。"

看，这位卖鸟人多幽默！犹太人的幽默贯穿于生活的各个领域。他们认为，一个具有幽默感的人，会时时发现事情有趣的一面，并欣赏生活中轻松的一面，建立起自己独特的乐观风格和幽默的生活态度。这样的人，亲和力更强；这样的人，经商更容易获得成功；这样的人，也更能使接近他的人感受到轻松愉快。

幽默是人际交往的润滑剂，具有自我圆场、缓解尴尬的作用。当一个人与他人关系紧张时，即使在一触即发的关键时刻，幽默也可以使彼此从容地摆脱不愉快的窘境，消除矛盾。

幽默，是生活中的智慧，也是一种健康的品质。幽默要在合情合理之中引人发笑，给人启迪。正如清朝人李渔所说："妙在水到渠成，无机自露，我本无心说笑话，谁知笑话逼人来。"这实际上正是幽默的玄机所在。那么，如何才能培养自己的幽默"细胞"呢？一般来说，我们可以从以下几个方面入手：

**（1）要保持乐观豁达的心态**

一个人只有自己快乐了，才能给别人带去快乐。眼中只看见痛苦和悲伤的人是不可能说出幽默的话语的，心胸狭隘的人也很少具有幽默"细胞"。幽默属于那些乐观向上、有积极心态的人，他们既不会由于一时的得失而斤斤计较，也不会由于暂时的问题而懊恼不已。他们总能积极地看待生活，既不苛求自己，也不为难他人，同时，他们还能够善意地为他人着想。而当别人对他们有所冒犯的时候，他们总是会用睿智而幽默的语言化解矛盾与问题。

**(2)要有渊博的学识**

任何一句幽默的话语都是说话者生活智慧的结晶，不是凭空出现的。所以，要想培养自己的幽默感，渊博的学识、生活经验的积累是必不可少的。我们要有泰山不让土壤、河海不择细流的精神，要有善于总结生活中的经验和智慧的能力。

**(3)要有“自嘲”的心胸**

伟大的文学家鲁迅曾经写过一首《自嘲》诗，来表明自己当时的生活状态。这首《自嘲》诗是：

运交华盖欲何求，未敢翻身已碰头。
破帽遮颜过闹市，漏船载酒泛中流。
横眉冷对千夫指，俯首甘为孺子牛。
躲进小楼成一统，管他冬夏与春秋。

自嘲，即指自己嘲笑自己，是一种重要的交际方法。自嘲，一部分是嘲己，一部分是解答，实际上是自嘲自解。在社会交往中，人们难免会遇到一些让自己无法“下台阶”的事情，此时，如果自嘲运用得当，不仅可以为自己找到“台阶”下，还能避免更尴尬的事情发生。

# 学会赞美的艺术

《塔木德》说："当你的邻居在深夜两点弹钢琴时你别气恼，你可以在四点钟时叫醒他，并告诉他你很欣赏他的演奏。"

赞美在生活中是使用较多的一种沟通方式。犹太人认为，赞美是人发自内心的对美好的人或事物的一种肯定的表达。恰如其分的赞美能使人更好地与他人交往，增进双方的友谊。

一家时装店新来了一位女店员，一天，她向刚进店里的一位打扮得高贵华丽正在选购套装的女士建议道："这套服装既高贵又便宜，穿在您身上非常得体！其他的服装价钱要贵一些，又不见得适合您，您觉得这套怎么样？"

没想到，那位女士听完后，竟气势汹汹地嚷起来："什么叫便宜？什么叫不适合我？你以为我没钱买贵的衣服是不是？真是岂有此理，太瞧不起人了！”

故事中作为顾客的那位女士为什么发这么大的火？是因为女店员的话刺伤了她。价廉物美，对于很多人来说，具有很大的吸引力。但对有些人来说，却可能会使他们感到有“奚落”之意。还有一些人，由于虚荣心作祟，在听了他人“真话”后往往会火冒三丈。

犹太人无论在做人、处事还是在经商的时候，总是习惯性地在他人面前说一些让对方“高兴”的话。在他们看来，赞美他人，不但会使他人觉得自己受重视，也会使自己心情舒畅、情绪高涨，而交谈就会变得自如而顺畅。

犹太人戈尔年轻的时候便到了美国，和亚特兰大市的一位女子结了婚。后来他们夫妇俩创建了一家油漆公司。他们的油漆具有色泽柔和、不易剥落、防水性能好、不褪色等诸多优点，但广告费花了不少钱，却收效甚微。戈尔决定以市内最大的莱弗家具公司为突破口闯出一条自己的路。

有一天，戈尔直接来到了莱弗家具公司，找到了总经理斯坦纳，对他说：“斯坦纳先生，我听说，贵公司的家具质量相当好，我特地来拜访一下。另外，久仰您的大名，您又是本市杰出企业家之一。您在这么短的时间内，就取得了如此辉煌的成就，真是让人羡慕！”

听戈尔这么一说，斯坦纳非常高兴，就向戈尔介绍了一下自己公司的产品及特点，并谈到了自己如何从一个贩卖家具的小贩成为现今生产家具的大公司的总经理的历程，戈尔不住地点头，时而插话，赞美斯坦纳。斯坦纳又带领戈尔参观了他的工厂。在上漆车间里，斯坦纳指着几件家具，向戈尔说这是他亲自上的漆。戈尔顺手将喝的饮料倒在家具上一点儿，又用一把螺丝刀轻轻敲打。斯坦纳制止了戈尔的行为，但没等斯坦纳开口，戈尔发话了："这些家具的造型、样式是一流的，但这漆的防水性不好，色泽不柔和，并且易剥落，会影响家具的质量，不知对不对？"

斯坦纳连连点头称是，并提到戈尔的油漆公司推出了一种新型的油漆，因为不了解所以没有订购。这时，戈尔从包里掏出了一块六面都刷了漆的木板。戈尔说，这块木板已在水中浸了一个小时，木板没有膨胀，说明漆的防水性好，用工具敲打，漆不脱落，放到火上烤，漆不褪色。斯坦纳听后，立刻与戈尔谈了合作意向。从此，莱弗家具公司成了戈尔公司的大客户。

从这则故事中可以看出，戈尔一开始并没有直接称赞自己的油漆有多好，而是从赞美莱弗家具公司的产品入手，又赞美了斯坦纳取得的成就。当斯坦纳带领戈尔参观工厂时，戈尔点出了莱弗家具公司产品的油漆性能差，直接影响到了家具的质量，同时，向斯坦纳展示了自己公司最好的产品。于是，斯坦纳很自然地接受了建议，戈尔顺利地赢得了这个客户。这正是得益于赞美的艺术。

每个人都希望自己被别人重视，被别人肯定，所以当别人赞美自己时，心情都会很愉快。

一位身材高挑的年轻女子在一家服装店试衣服，试了好几件衣服，可那些衣服不是在身上这儿鼓起来，就是那儿紧巴巴的，都不合适。

店主凭经验觉得，问题出在这位女子没有挺直身子，于是对她说："这些衣服看起来不是有些大就是有些小，把您娇美的身材给遮住了。"

年轻女子一听，直起身来重新在试衣镜中打量自己。这时情形发生了变化：年轻女子发现自己挺立的身躯看起来那么赏心悦目，衣服上那些难看的鼓包和皱褶都不见了，身体的线条和轮廓也显现出来了。

店主看出来，这位女子喜欢试穿的衣服，便不失时机地赞美道："真漂亮！"然后问她："你喜欢这件吗？"

"喜欢，它使我苗条多了，啊，真的，我好像体重减轻了3公斤。"年轻女子笑着说。

"那你就买这件吧。"店主趁热打铁说道。"好的。"年轻女子痛快付了钱。

在与人谈话时，要找准对方感兴趣的事情，"投其所好"地满足对方的心理，这样会使交际朝更好的方向发展。当然，赞美也是有技巧

**的！首先，一定要拿出真实情感，其次，赞美要在“点儿”上，再次，赞美不要太过度，要适可而止。**

每一位拜访过美国第26届总统西奥多·罗斯福的人都会被他渊博的学识和广泛的兴趣所折服。查尔斯·西莫说：“罗斯福总统的白宫大门永远欢迎能使总统提起兴趣的人。无论是各领域的专家，还是其他访客，他总能立即找到一个双方都感兴趣的话题。”哥马利尔·布雷佛也写道：“无论是一名牛仔、骑兵、纽约政客还是外交官，罗斯福总统都知道该对他说什么话。”

那么，罗斯福总统是怎么做到的呢？其实，罗斯福总统并不是真的有那么渊博的学识和广泛的兴趣，他只是有一个很好的习惯，那就是在拜访者来之前，他都会挑灯夜读，阅读对方的著作，了解对方感兴趣的事情，做好充足的准备工作。所以，每一位拜访者听到罗斯福总统的见面语之后，都会被罗斯福总统不凡的言论、渊博的知识和健谈的性格所折服。

罗斯福总统主动学习并非只是为了能够在与他人的交往中侃侃而谈，显示自己渊博的学识，他更多地是为了找到对方感兴趣的事物，从而让双方能在一种轻松和谐的状态下与自己沟通。因为罗斯福总统深谙人的本性：当一个人发现你对他所熟知的问题非常感兴趣的时候，他会自然而然地说很多话，愉快的气氛也就会随之产生。罗斯福总统正是凭借着“投其所好”，让对方产生了心灵共鸣和好感，从而解决了一个又一个政治难题，也让自己的美名远播世界。

在人际交往中，学会赞美，是与人相处的法宝之一。赞美的力量是巨大的，有时甚至会改变一个人的一生。

“钢铁大王”卡耐基深谙赞美的意义，总是将给予“美名”的技巧发挥到极致。

卡耐基所经营的钢铁公司想要降低运营成本，所以想和一位经营煤炭行业的老板合作开一家公司，这样就可以在很大程度上降低公司的运营成本。恰好在一次宴会上，卡耐基无意中结识了一位经营煤炭业、号称“焦炭大王”的青年才俊佛里克。卡耐基心想，此人就是他苦苦寻觅的合作伙伴，因为佛里克小小年纪就取得了这么惊人的成绩。卡耐基很欣赏佛里克的胆识和才干。卡耐基认为，如果跟佛里克合作的话，不仅自己获益，对于佛里克的事业发展来说也是非常有利的。

想要跟一个人合作，就要了解这个人的特点，正所谓“知己知彼百战百胜”。卡耐基通过各种渠道了解到佛里克是一个很骄傲的人，如果不能很周全地照顾到他的“面子”，即使和别人合作获益很多，他也不会跟对方合作。所以，为了能够成功地做成这笔生意，卡耐基将佛里克请到了自己家里，热情接待。

当时，卡耐基已年近半百，而佛里克却是一个二十来岁的毛头小伙子。虽然卡耐基的财富是佛里克的数倍，但卡耐基在佛里克面前仍然保持着谦恭和礼貌。

一番赞美之后，卡耐基提出了两人合作成立一家煤炭公司的建议。卡耐基还大度地表示，新公司的总价值有300万美元，而佛里克的焦炭公司的市值大约为50万美元，其余的250万美元全部由卡耐基的公司支付，股份双方各得一半，收益也是五五分红。只出六分之一的资金，却能得到一半的股份，这可真是天上掉馅饼、打着灯笼都难找的好事！可是在这么大的诱惑面前，佛里克却在犹豫，他在想，公司如果是以卡耐基的名义运作的话，自己就等于没有任何名义上的东西了，而佛里克是那种“宁为鸡首，不为凤尾”的人。

卡耐基了解到佛里克的心事，又立即补充道：“新公司的名称是‘佛里克焦炭公司’。”至此，佛里克再也没有任何疑问，当即爽快地同意了合作事宜。从此，佛里克成了卡耐基的永久合作伙伴，日后更是成为卡耐基钢铁公司的高层领导之一。

在与佛里克合作这件事上，卡耐基准确地掌握了佛里克喜好“美名”的心理。由于卡耐基最需要的是和煤炭公司合作，所以他在利益上的让步不仅考虑了对方的财富，同时还考虑了对方对“名气”的要求。卡耐基送“美名”给佛里克，自己也最终实现了和佛里克的煤炭公司合作的目的。由此可见，在与他人交往的过程中，让步、赞美是建立友谊、共同发展的好方式。

# 积攒"人脉"，实现双赢

《塔木德》说："人脉就是金钱的矿脉。"

犹太人十分重视人际关系，他们不仅维护好自己已有的"人脉"，同时还寻找"人脉"，靠他人介绍"人脉"，可见对"人脉"的重视。犹太商人善于把握住帮助每一个人的机会，认为这也是拓展"人脉圈"的好方法。

一个寒冷的冬日，一个卖面包的人和一个卖被子的人同到一个破屋中躲避风雪。天黑了，卖面包的人觉得很冷，卖被子的人觉得很饿。但他们都相信对方会有求于自己，所以谁也不肯先开口。

过了一会儿，卖面包的人说："吃一个面包。"

卖被子的人说："盖上条被子。"

又过了一会儿，卖面包的人又说："再吃一个面包。"

卖被子的人也说："再盖上条被子。"

就这样，卖面包的人不停地吃面包，卖被子的人不停地盖被子，谁也不愿意向对方求助。最后，卖面包的人冻死了，卖被子的人饿死了。

这个故事告诉我们，只有与别人合作才能更好地生存。但是在现实生活中，面对类似的问题，偏偏就有人想不通，看不明白，他们奉行"人若敬我，我便敬人；人若予我，我便予人"的"单打独斗主义"，似乎一定要先等对方请了一顿饭之后，才肯回对方一张音乐会的入场券；还有的人只想得到却不想付出，自私自利至极。如果人人都将这些态度带到社交中或工作中，很容易使一切陷入僵局。

美国斯坦福研究中心曾发表一份调查报告，结论指出：一个人赚的钱，12.5%来自知识，87.5%来自关系。职场中，许多人没有什么成就，同他们与人合作存在障碍有直接关系。很多人的想法是：合作谁干多干少如何算，所以，拿多少钱，干多少活，不"吃亏"，挺好。这些人不懂得"人脉经营"，他们也不清楚"人脉是通往财富、成功的门票"的道理。

犹太人在人际交往和商业经营活动中，从来不会只看眼前利益，而总是在寻找更大的利益，并且要保证让合作者赢利。也就是说，犹太人做生意的原则是：一笔生意，双方赢利。

犹太人罗道夫曾认为竞争对手就是敌人，只有击败对手才能够生存。为此，做生意时他只顾自己发展，斤斤计较，当别人告诉他做生意应该公平竞争，互相帮助，互相推动，共同发展，这样才能达到双赢或多赢的效果，而这也是做生意的原则时，罗道夫并不认同。

于是，许多合作伙伴与罗道夫分道扬镳，罗道夫在生意场上也屡屡失败。经过这样的打击后，罗道夫终于明白过来了。他开始纠正自己的观念，此后每做一笔生意，他都首先考虑怎样能够达到双赢和多赢的效果。就这样，过了几年，罗道夫的公司发展得越来越好，产品也遍及世界各地了。

创办公司、经营公司的目的就是赚钱，通过这个故事我们可以看到，做生意如果只是为了自己的发展，不与合作伙伴为实现双赢而精诚合作，就不会有大的发展，甚至会失败。

犹太人很爱参加各种各样的人际交往活动，他们在活动中也大多主动出击，与人交谈，以建立互动关系。犹太人认为“人脉”对创业和发展事业十分有利。所以，犹太人在发展事业、与人交往时从不做“单赢”生意。因为他们认为：

第一，在市场竞争中，谁都想胜不想败。参与市场竞争的每个人或公司都是相互的“敌手”，这些人或公司在彼此竞争中带有保密性、侦探性、获胜性。倘若市场不能容纳全部竞争者，任何人或企业都想保存自己而“灭掉”对方；即使市场能容纳下全部竞争者，他们也还是想以强敌弱。所以，只有双赢、多赢才能保存自己和他人、他方的实力，达到“1+1>2”的效果。

第二，人或公司为了赚钱，总想独霸市场，一心想着挤垮同行。很多商人在处理与同行的关系时，信奉的是“同行是冤家”，从而造成“三十六行，行行相妒”。然而，这种关系长期维持下去会使人或企业不能持续发展，因为竞争的目的是相互推动，相互促进，共同提高，一起发展，而不是相互拆台、单赢。实际上，如果这样，个人或公司都长久不了，商人或企业慢慢地就会成为“孤家寡人”。

第三，虽然竞争者间有点像战场上的“敌手”，但并不是非要挤垮对方才能获得发展。竞争者间的竞争手段必须是正当、合法的，而“双赢”或多赢的策略正是在合法条件下使自己和竞争者利益最大化的最佳方法。

第四，竞争是激烈的，同行业的竞争更为激烈，但有竞争关系的人或公司也可以联手合作。从这个意义上讲，竞争者之间完全可以相互帮助、支持和谅解，竞争者之间应该是合作伙伴，友善相处。这就好比两位武德很高的拳师比武，一方面要分出高低胜负，另一方面也要互相学习、关心和帮助，胜者不傲，败者不馁，相互间切磋技艺，共同提高。

现代社会瞬息万变，此时可能对甲有利，但眨眼间也可能变得对乙有利。所以，人应“风物长宜放眼量”，不“以一时胜负论英雄”，更不能因一时失利而迁怒竞争对手。

人生中的大部分朋友都是在谋取共同利益的过程中结交的，利益越一致，关系越深厚。尽管人与人之间有各种矛盾，但利益的凝聚力会使各方去磨合、修复，自动寻求平衡。所以，懂得先利人再利己，懂得沟通、交流、双赢，能让彼此的关系越来越紧密。

有一个农村老头，他决定让儿子成为不平凡的人。于是，这个老头找到美国当时的首富——石油大王洛克菲勒，对他说："尊敬的洛克菲勒先生，我想给你的女儿找个丈夫。"

洛克菲勒说："对不起，我没有时间考虑这件事情。"

老头说："如果我给你女儿找的丈夫，也就是你未来的女婿，是世界银行的副总裁，可以吗？"

洛克菲勒同意了。然后，老头又找到了世界银行的总裁，对他说："尊敬的总裁先生，你应该马上任命一个副总裁！"

总裁说："不可能，这里这么多副总裁，我为什么还要任命一个副总裁呢，而且必须马上？"

老头说："如果你任命的这个副总裁是洛克菲勒的女婿呢？"世界银行的总裁爽快地答应了。

这虽然只是个笑话，但很多生意就是这样谈成的——因为给对方提供了利益，所以到最后自己也能收获大的利益。

人际交往的实质是什么？有人说是利益交换。对，又不对。抛开单纯的友谊、情感，在竞争激烈的社会中，在双赢中寻求发展，是最简单的制胜方法，而做到这样不仅会有很多的合作模式，最后也能得到许多双赢的结果。

# 诚实做人，守信做事

《塔木德》中说："金钱是山上的树木，诚信是山中的泉水。"

诚实守信是一个人取得成功的前提条件，也是做人的基本美德。很多犹太人一生下来就被告知：任何交易都要绝对诚实守信。因为，人如果想到达成功的顶峰，就绝不可做欺骗和说谎的事。人难免要犯错误，如果不幸犯下过失，与其以说谎的方法来隐瞒事实，倒不如老老实实地承认，这是改过的唯一机会，也是请求原谅的唯一方法。犹太人认为，诚实守信可以让人找回真实的自我。

20世纪初，俄国境内的一个小村子里，住着一个犹太小男孩。那时候，沙皇部队——哥萨克人，正在对各地的犹太人进行大规模迫害。

每天当市集最热闹的时候，全村的人都会聚集在大广场上做买卖。哥萨克人就会在这个时候，骑着高大剽悍的马来到市集上，打翻犹太人的货物，接着宣布沙皇限制犹太人自由的最新敕令，然后骑着马扬长而去。

小男孩和祖父的感情非常亲密，他的祖父是这个村子里的老教士。村子里的犹太人都相信，他们的祖先聪明而睿智。小男孩每天都会陪祖父从他们简朴的家到市集去。哥萨克骑兵总是挥鞭而至，扬起漫天尘土，宣读当天的敕令："从今天起，任何犹太人购买马铃薯，一次不得超过5个。"或是："沙皇有令，所有犹太人必须将他们最好的牛立刻卖给国家。"

每天，同样的场景不断上演——老教士和其他人一起听着沙皇的敕令，然后老教士向那些哥萨克人挥舞着他的拐杖，大声叫道："我抗议！我抗议！"然后其中一个哥萨克人就会骑着马过来，用马鞭狠狠地抽向老教士，临走之前还要吼一声："闭嘴，你这老蠢货！"老教士禁不住鞭子，就会倒在地上，他的教徒们会冲过去扶他起来，帮他拍掉衣服上的泥土，然后他的小孙子再搀着他回家。

日复一日，小男孩担忧地看着这一幕再三重演。终于有一天，他再也忍不住了，搀扶着满身乌青的祖父从市集回家时，小男孩鼓起勇气问："亲爱的爷爷，"小男孩的声音带着微微的颤抖，"您明知道那些士兵一定会打您，为什么还要每天在他们面前抗议沙皇呢？您为什么不能保持沉默呢？"

老教士对孙子慈祥地笑道："因为明知是错的事情，如果我不大声抗议，我就会渐渐和他们一样了……”

马雅科夫斯基说：“诚实是最伟大的美德，它为我们的生活涂上一抹最真实的色彩。”在现今社会，说谎、欺骗、隐瞒事实的现象虽然很多，但绝不能让它们成为我们日常言行的一部分。

年轻的林肯受母亲的派遣，到好几英里外的商店为家里买些东西。在回来的路上，林肯发现商店老板多找了钱。于是他又拖着疲累的身躯折返那家商店，把多找的钱还给了商店老板。

古今中外，诚实守信是共同的美德之一。人的好品格的养成不是朝夕之功，诚实也不是仅在一两件事上表现出来。上述这个小故事中，也许多找给林肯的钱数量并不多，但林肯所展示出的诚实体现出他有非常好的品格。所以，在生活中，不要小看了细节之处的诚实。

在一个房间里，艾尔顿正在应聘推销工作。经理约翰先生看着眼前这个身材瘦弱、脸色苍白的年轻人，忍不住先摇了摇头。从外表上看，这个年轻人看不出有什么特别的销售能力。约翰先生在问了艾尔顿的基本情况后，又问道：

“你以前做过销售吗？”

“没有！”艾尔顿答道。

“那么，现在请你回答几个有关销售的问题。”约翰先生开始提问，“推销的目的是什么？”

“让消费者了解产品，从而心甘情愿地购买。”艾尔顿答道。

约翰先生点点头，接着问：“你打算对推销对象怎样开始谈话？”

“‘今天天气真好’或者‘你的生意真不错’。”

约翰先生又点点头。

“你有什么办法把打字机推销给农场主？”

艾尔顿稍稍思索了一番，然后回答道：“抱歉，先生，我没办法把这种产品推销给农场主。”

“为什么？”

“因为农场主根本就不需要打字机。”

约翰先生高兴得从椅子上站起来，拍拍艾尔顿的肩膀，兴奋地说：“年轻人，很好，你通过了，我想你会成为出类拔萃的推销员的！”

此时，约翰先生心中已认定艾尔顿将成为一个出色的推销员，因为测试的最后一个问题，只有艾尔顿的答案令他满意。之前的应征者总是胡乱编造一些办法，但实际上根本行不通，因为谁愿意买自己根本不需要的东西呢？

而艾尔顿认识到了这一点，并据实回答，所以被雇用了。

现在工作难找，许多求职的人在“取悦”面试官时所犯的最大错误就是不诚实。这些应聘者不以真面目示人，不能完全做到诚实，总是以为靠投机取巧给面试官一些“自以为正确”的态度就能应聘成功。其实，这样的做法通常一点儿用也没有。因为没有人愿意要不诚实的人，正如没有人愿意收假钞票一样。让我们来看看诚实的安东尼先生是怎样做的吧！

雅利安公司是美国环球广告代理公司，因为业务需要，正准备招聘4名高级职员担任业务部、发展部主任助理，待遇自不必言。竞争是激烈的，凭着良好的资历和优秀的考试成绩，安东尼荣幸地成为10名复试者中的一员。

雅利安公司的人事部主任戴维先生告诉安东尼，复试主要是由贝克先生主持。贝克先生是全球闻名的大企业家，从一个报童到美国最大的广告代理公司的董事长、总经理，他的经历充满了传奇色彩。而且，他年纪不大，据说只有40岁左右。听到这个消息，安东尼非常紧张，一连几天，在口头表达能力、广告业务及穿戴方面都做了精心准备，以便顺利“推销”自己。

复试是单独面试。安东尼一走进小会客厅，坐在正中间的沙发上的一位考官便站起来，安东尼认出来他正是贝克先生。

“是你?！你是……”贝克先生激动地说出了安东尼的名字，并且快步走到安东尼面前，紧紧握住了他的双手。

“原来是你！我找你找了很长时间了。”贝克先生一脸的惊喜，激动地转过身对在座的另几位考官嚷道：“先生们，我向你们介绍一下：

这就是救我女儿的那位年轻人。”

安东尼的心狂跳起来，还没容得他说话，贝克先生就把他拉到旁边的沙发上坐下，说道：“我划船的技术太差了，把女儿掉进了密西西比河里，要不是你相救就麻烦了。真抱歉，当时我只顾看女儿了，也没来得及向你道谢。”

安东尼竭力抑制住心跳，抿了抿发干的双唇，说道：“很抱歉，贝克先生。我以前从未见过您，更没救过您女儿。”

贝克先生却拉住安东尼的手，仍很激动地说：“你忘记了？4月2日，密西西比河……肯定是你！我记得你脸上有颗痣。年轻人，你骗不了我的。”贝克先生说。

安东尼站起来说：“贝克先生，我想您肯定弄错了。我没有救过您女儿。”

安东尼说得很坚决，贝克先生一时愣住了。忽然，他又笑了，说：“年轻人，我很欣赏你的诚实。我决定：你免试了。”

几天后，安东尼幸运地成为雅利安公司的职员。

后来，安东尼和主管戴维先生闲聊时，问戴维先生：“救贝克先生女儿的那位年轻人找到了吗？”

“贝克先生的女儿？”戴维先生一时没反应过来，接着他大笑起来，“他女儿？有7个人因为他女儿被淘汰了。其实，贝克先生根本没有女儿。”

《塔木德》说："就一个人和他成功的秘诀来说，在交易中保持绝对诚实，是踏上成功之途最重要的事情之一。"一个人的价值往往在诚实中体现出来，所以任何时候都一定要说实话，诚实做人，守信做事。

# 正确看待舍与得

《塔木德》说："暂时放弃一些利益，是为了得到更多的利益。"

成功的人大都知道舍与得的辩证关系，而且总是所舍多于所得，这是成功的人具有的一种卓越能力，也是他们成大事的关键。

犹太人对"舍得"有自己的看法，他们认为"有舍才有得"，"先舍"才能"后得"。

两家公司竞标同一块土地，甲公司的老板对自己的员工非常好，虽然工资和业内其他公司一样，但福利却比其他公司丰厚得多。公司的老总总是隔三岔五地给员工一些奖励，这种奖励有的是物质上的，比如每周对工作表现比较好的员工给予一定数量的奖金；有的是口头上的，比如给工作表现特别好的员工颁发一个标兵的标志等。

乙公司则完全是另外一种运作模式。这家公司像很多公司一样，没有任何人情味儿，大家只是拿薪水干活。

所以，在竞标的那段时间，甲公司的员工很努力地干活，大家上下一心，对那块土地是志在必得，他们每天都自愿加班到很晚，而且会考虑许多老板都不曾考虑到的因素。另外，甲公司的竞标书做得很完美。而乙公司的员工则还是按照之前的模式，把自己手头的任务完成就好，竞标书做得也没有甲公司那么精彩。结果可想而知，甲公司最终得到了那块土地。

**人际交往中的黄金准则是：欲取之，必先予之。即只有付出才能有回报。**

纽约的金融家史密斯还是个银行职员时，有一次，他的上司要他尽快准备好一份资料。提供资料的那个人是一家公司的总经理，于是史密斯前去拜访。

当史密斯被引进总经理办公室之后，一位年轻的秘书从门口探头告诉总经理，她今天没有搜集到童话故事集给他的儿子。总经理向史密斯解释说："我在替12岁大的儿子收集童话故事集。"之后，史密斯向总经理述说自己的来意，并且向他请教了一些问题，但是，从头到尾，总经理都在含糊笼统地敷衍史密斯，摆出一副根本不想谈论这个问题的样子，因此这次会谈很快就结束了，而且毫无结果。

史密斯事后回忆说："坦白地讲，我当时真不知道该怎么做，事后我突然想起那位总经理的秘书所讲过的话，什么童话故事集、12岁大的孩子……同时我想到我们银行国外部也在做童话故事集的收集工作，那些童话故事集正是来自世界各地的。

"第二天下午，我直接去拜访那位总经理。到那儿之后，我请他的秘书传话给他，告诉他我有一些童话故事集要给他的孩子。你想我会不会受到热烈地欢迎呢？不错，他热情地握住我的手，仿佛是要竞选国会议员一样，他面带笑容而且容光焕发地招呼我。当他赏玩着童话故事集的时候，嘴里还不断地说：'我的乔治一定会喜欢这个故事的！'我们花了半个小时谈论童话故事集与他的儿子，之后他足足花了一个多小时提供给我所需要的资料。他把他所知道的全都告诉了我，并且害怕有所遗漏，还把他的下属叫进来询问了一番，甚至为我打电话给他的同事查询一些细节。他给了我许多实证、数据、报告和文件，使我此行满载而归。套句新闻从业人员的专业用语，我算是得到了一条'独家新闻'。"

这个故事印证了"欲取之，必先予之"的道理。在工作和生活中，无论与什么类型的人打交道，不管对方是雇员、合伙人、同事、顾客、朋友，抑或是家人，只要你有所付出，那对方就会相应地回报你的付出，即使效果不能马上看到，天长日久，效果也能显露出来。

一分耕耘，一分收获。没有付出，又怎会有收获呢？舍并不是盲目的舍，得也是有选择的得。“舍得”二字几乎囊括了人世间所有的真知妙理。人只有真正把握“舍得”的尺度，才能掌握人生成功的金钥匙。

有这样一则故事：

一个商人遇到了难处，生意越做越小，于是去请教智尚禅师。禅师说：“禅院里有一架压水机，你去给我打一桶水来！”

半晌，商人汗流浃背地跑来，说：“禅师，压水机下面是枯井。”

禅师说：“那你就到山下买一桶水来吧。”

商人去了，回来后仅仅拎了半桶水。

禅师说：“我不是让你买一桶水吗，怎么才半桶呢？”

商人红了脸，连忙解释说：“不是我怕花钱，而是山高路远，实在不容易啊！”

“可是我需要一桶水，你再跑一趟吧！”禅师坚持说。

商人又到山下买了一桶水回来。

禅师说：“现在我可以告诉你解决的办法了。”

于是禅师带着商人来到压水机旁，说：“将那半桶水统统倒进去。”商人非常疑惑，犹豫着。

“倒进去！”禅师命令道。

商人只好将那半桶水倒进压水机里。禅师让他压水看看。商人压水，可是只听那喷口呼呼作响，没有一滴水出来，那半桶水全部让压水机吞进去了。商人恍然大悟，又拎起那整桶的水全部倒进去，再压，清澈的水果然喷涌而出。

人世间的所有事情，都是有了付出才有回报，没有无回报的付出，也没有无付出的回报。付出越多，回报越大。只想别人为自己付出，那么“得到”的源泉终将枯竭。所以，人不要只想获取他人的爱心或帮助，要先自己付出心血和努力，如此才是正确的交往态度，才能让人际关系天长地久。

第五章

# 犹太人的借力借势经典智慧

## 借力借势，为己所用

《塔木德》说："一个人的才智和力量总是有限的，众人拾柴才能点燃一炉火。"

人是群居动物，团结是人类进步的最大原因。人们只有精诚合作、团结一心，才能把事情做得更好。一个人要想取得成功，需要借助更多人的才智与力量，这样才能战胜困难，得到发展。如果不懂得借助他人的才智与力量，就会大大降低效率，减缓奔向成功的速度。事实证明，不懂得团结别人的人会处处受阻。

有这样一个故事：

马特是个工作很勤奋的员工，但是他有个最大的问题，就是不喜欢与人合作。就算是在他心情很好、胸襟够大的时候，他仍会怀疑同事的能力及工作热忱。对马特来说，赞美同事在他的头脑中是不存在的。在马特的心里，似乎只有他才是公司里唯一有能力把事情做好的人。

尽管马特非常努力，但他所做出的成绩却比很多人差很多。此外，马特周围的环境里总存在着不友好的气氛，这使他感到困惑，因为他以为自己一直给人相当随和的印象。但其实，马特不过是表面上做出随和的样子罢了，别人都认为马特没有合作精神，所以，都对马特敬而远之，很少有人愿意跟他合作。

为此上司不得不找到马特，与他讨论这件事："为什么你总是不信任你的同事，不肯与同事们合作?"

"噢，那是因为他们自己工作不用心。坦白地说，我认为他们都不努力!"马特在回答上司的问题时，毫不掩饰他的不合作态度。

"那么你认为你比他们要优秀得多吗?"

"那是当然!"

于是上司将3个月以来他们部门每个人的业绩递给他看："你看看你比这些所谓的不努力的人好多少吧。"

马特看完之后脸涨得通红，再也说不出话来……

可见，与人交往或一起工作，互相帮助、互相合作是必要的，人要多与他人沟通、交流，多向他人学习。因为一个人的才智和力量是有限的，只有借力借势，才能让自己更好地"发光发热"。

拿破仑·希尔年轻的时候，曾经在芝加哥创办了一份教导人们获取成功的杂志。当时拿破仑·希尔没有足够的资本运作这份杂志，所以就和印刷工厂建立了合作关系。后来的事实证明，这份杂志办得很成功，虽然拿破仑·希尔必须花很多时间在这份杂志上，但是他很快乐。

然而，拿破仑·希尔没有注意到他的成功对其他出版商已经造成了威胁。后来，在拿破仑·希尔不知道的情况下，一家出版商买走了他的合伙人的股份，并接收了这份杂志。当时，他不得不带着一种非常耻辱的心态离开了他那份以爱为出发点的工作。

事后，拿破仑·希尔总结失败的最大原因是：他没有很好地与他的合伙人合作。拿破仑·希尔常常因为一些工作上的小事和对方争吵。他的自我和自负使他最终尝到了失败的滋味。

但是拿破仑·希尔从这次失败中，也学到了不少经营管理方面的经验。此后，拿破仑·希尔离开芝加哥前往纽约，在那里，他又创办了一份杂志。这次他学会了激励其他只出资但没有实权的合伙人共同努力。在不到一年的时间里，这份杂志的发行量就比以前那份杂志多了两倍。拿破仑·希尔也由于愿意花时间与合伙人友好地沟通，再也没有遇到之前的那种“拆台”的事情了。

拿破仑·希尔的故事给我们提供了很好的教训和经验。世界上没有仅仅依靠自己就能成功的人，任何成功者都是站在别人的肩膀上，“孤胆英雄”做不成大事。

有一个名叫罗伯特·克里斯托弗的犹太人，他想用80美元周游世界，并坚信自己能够实现。于是，他找出一张纸，写下了他用80美元周游世界的准备工作：

设法领取到一份可以上船当海员的文件；

去警察局申请无犯罪记录的证明；

取得美国青年协会的会员资格；

考取国际驾照，找来一份国际地图；

与一家大公司签订合同，为之提供所经过国家和地区的土壤样品；

同一家航空公司签订协议，可免费搭机，但可以拍摄照片为公司做宣传。

……

当罗伯特完成上述的准备工作后，年仅26岁的他就在口袋里装好80美元，开始了自己的全球旅行。以下是他旅行过程中的一些经历：

在加拿大巴芬岛的一个小镇用早餐，未付分文，条件是为厨师拍照；

在爱尔兰，用4.8美元买了4条香烟，从巴黎到维也纳，费用是送给船长1条香烟；

从维也纳到瑞士，列车穿山越岭，只需要4包香烟；

给伊拉克运输公司的经理和职员摄影，结果免费到达伊朗的德黑兰；

在泰国，由于提供给酒店老板某一地区的资料，受到酒店贵宾式的待遇。

……

最终，罗伯特通过努力，实现了80美元周游世界的梦想。此次旅行他认为最重要的一点，就是在他的计划和经历中，他巧妙地利用与他人的合作，为自己实现目标提供了帮助。

这个聪明的犹太青年深知一个人的才智和力量是有限的，因此他借力而为，借势而行，以实现自己的目的，这正是他的过人之处。我们要学习这种智慧，学会借助别人的力量实现自我的提升。

# “和谁在一起”很重要

《塔木德》说：“一个伟大的人，他的朋友一定是伟大的。”

是的，和什么样的人交往，对这个人的形象和名声会产生不同的影响。

例如，你身边的朋友如果都是一些事业成功且拥有很高社会地位的人，人们就会想：你一定也是个“颇有本事”的人。否则，你怎么能跟那些人成为朋友呢？如果你的朋友全是些失败者，那么，这即使不会严重损害你的形象，也不会对你产生积极的影响。再比如，如果你在公司里整天同一些人们敬而远之的人打得火热，你的形象就会受损，人们会对你也避之不及。所以说，为了塑造更好的形象，要结交一些名声好的朋友，而且要搞清楚同你合作的各色人等中，哪些人有助于你的形象塑造，哪些人对你的形象塑造可能会不利。

西方有句话：和聪明的人在一起，你就会变得聪明；和快乐的人在一起，你就会变得快乐；跟"成色足"的朋友在一起，久而久之你自身的"含金量"也会提高。

韦斯特摩兰将军有一次巡视降落伞部队，问了三个士兵一个问题："你们喜欢跳伞吗？"

第一个士兵回答："我喜欢跳伞，长官！"

第二个士兵回答："跳伞是我一生中最难忘的经历。"

第三个士兵回答："我痛恨跳伞，长官！"

将军问："那你为什么还要跳伞呢？"

第三个士兵回答说："因为我想和喜欢跳伞的人在一起。有他们会让我变得勇敢！"

现实生活中，你和谁在一起很重要，甚至能改变你的成长轨迹、奋斗轨迹，决定你的人生成败。日本朝日啤酒前总裁樋口广太郎说："正如水的形状取决于盛水器皿的形状一样，人的命运取决于结交什么样的朋友。"

在人生的道路上，最不幸的事就是身边缺乏积极进取的人，缺少具有远见卓识的人，让自己在一个平庸的环境中变得不思进取。有一句话是这么说的："你是谁并不重要，重要的是你和谁在一起。"科学家们经研究认为：人是唯一能接受暗示的动物。积极的暗示，会对人的情绪和生理状态产生良好的影响，激发人的内在潜能，催人奋进，使人发挥出超常水平。

每个人交朋友的标准都不一样，有些人喜欢结交比自己差的人，以为这样会在他人羡慕的目光中感受到虚荣的快感。这种人属于坐井观天的人，不会有什么大发展。有些人则会努力结交比自己更富有、更有学识、更有能力的人，这不仅仅是为了日后能得到他们的帮助，更是为了拓宽自己的视野，提高自身的水平。

与优秀的人相处，刚开始的时候，因为优秀的人比你强很多，可能会使你感到有一些负担和压力，但不久之后，你就会发现自己各方面的才能都会有很大的提高，并且渐渐开始接近优秀的人的水平。著名网球明星康诺尔就曾以简短的几句话道出他成功的秘诀："我和杰出人士在一起，会让自己变得更强大。"

赢家周围都是赢家，因为赢家有足够的自信，他们认为只有和与自己匹敌的高手为伍，自己才能赢得更多的胜利，走更远的路。

当然，任何事物都有两面性，与人交往也一定要谨慎。不同的职业或背景，会造就不同的习惯和性格。比如，军人多庄重严肃，文人多文质彬彬，商人多精打细算。但是，想要事业成功，"人脉"十分重要。所以，人一定要结交比自己更优秀的人，如此才能不断地使自己力争上游。和伟大人物在一起，你会受到良好的熏陶；和卑琐的人在一起，你的品位就会下降，而且不会有大的进步。向"最好"的人学习，才能做"最好"的自己，借他人之智，成就自己的人生，这是成功的捷径之道。

# 借用资源发大财

《塔木德》说："聪明人都是通过别人的力量，去达到自己的目标。"

犹太人善于借助他人之力实现自己的目标。因为他们知道，一个人的力量是有限的，只有借助其他人的力量，才会事半功倍，更容易、更快捷地实现目标。

犹太人还认为，不管一个人的能耐有多大，他的智慧和才能也都是有限的。唯有借助他人的能力和智慧，取长补短，为己所用，才能高效且迅速地实现自己的成功目标。因而无论是商人、外交家、科技人才，还是其他领域的犹太精英，他们在事业中都善于借力借势，以达到自己的目的。

一个犹太出版商有一批滞销书，他苦于找不到销售出去的方法。后来，他给总统送了一本，此后，三番五次去征求总统对此书的看法。

忙于政务的总统哪有时间与他纠缠，便随口而出："这本书不错。"谁知，出版商便以此句话大做广告："现有总统喜爱的书出售。"不久这批书就销售一空了。

后来，这个出版商又有了卖不出去的书，他便又送了一本给总统。

总统鉴于上次的经验，想奚落他，就说："这书糟糕透了。"谁知，出版商听后，不但没生气，还灵机一动，又做广告："现有总统讨厌的书出售。"有不少读者出于好奇争相抢购，结果此书又销售一空。

第三次，出版商又将一本滞销的书送给总统。总统接受了前两次教训，便不予回答而将书弃于一旁。出版商看后，回来大做广告："有总统难以下结论的书，欲购从速。"结果此书居然又被一抢而空。

总统哭笑不得，出版商大发其财。

**故事中的这个商人就是个善于动脑、巧于借力借势的人，不管怎样，他都能挣到钱。可见，借用资源是成功商人的"拿手好戏"。**

闻名全球的希尔顿从被迫离开家到成为身价5.7亿美元的富翁只用了17年的时间，他成功的秘诀就是善于借用资源经营公司。

希尔顿用借到的资源不断地增值，使之变成自己新的财富，最后他成了财富的主人——一个亿万富翁。

希尔顿年轻的时候特别想发财，可是一直没有机会。一天，他正在街上闲逛，突然发现整个繁华的优林斯商业区居然只有一家旅馆。他就想：如果在这里建一座高档的旅馆，生意准会兴隆。于是，希尔顿认真研究了一番，觉得位于达拉斯商业区大街拐角地段的一块土地最适合做旅馆用地。

希尔顿调查清楚了这块土地的所有者是一个叫老德米克的房地产商人之后，就去找他。老德米克给希尔顿开了个价，如果想买这块地皮就要掏30万美元。

希尔顿不置可否，却请来了建筑设计师和房地产评估师给"他"的旅馆进行测算。其实，这不过是希尔顿假想的一个旅馆，他问建造商他设想的这个旅馆造价需要多少钱，建筑师告诉他起码需要100万美元。

当时，希尔顿只有5000美元，然而最终他成功地用这些钱买下了一个旅馆，并不断地使之升值，然后卖掉，不久他就有了5万美元。然后他找到了一个朋友，请朋友一起出资，两人凑了10万美元。当然，这点儿钱还是不够支付购买地皮的，离他设想的那个建旅馆的目标相差很远。许多人觉得希尔顿的想法就是痴人说梦。

希尔顿再次找到老德米克，签订了买卖土地的协议，土地出让费为30万美元。然而，就在老德米克等着希尔顿如期付款的时候，希尔顿却对土地所有者老德米克说："我想买你的土地，是想建造一座大型旅馆，可我的钱只够建造一般的旅馆，所以我现在不想买你的地，只想租借你的地。"

老德米克有点儿生气，不愿意和希尔顿合作了。但希尔顿非常认真地说："如果我可以只租借你的土地的话，我的租期为100年，分期付款，每年的租金为3万美元，你可以保留土地所有权，如果我不能按期付款，那么你就可以收回你的土地和这块土地上所建造的旅馆。"

老德米克一听，转怒为喜。世界上还有这样的好事，30万美元的土地出让费虽没有了，却换来270万美元的未来收益，自己仍持有土地的所有权，还有可能包括土地上的旅馆。于是，这笔交易谈成了。

希尔顿第一年只须支付给老德米克3万美元，而不用一次性支付昂贵的30万美元。也就是说，希尔顿只用了3万美元就拿到了应该用30万美元才能拿到的土地使用权。这样希尔顿省下了27万美元，但是这与建造旅馆需要的100万美元相比，还是有很大差距。

于是，希尔顿又找到老德米克，说："我想以土地作为抵押去贷款，希望你能同意。"老德米克非常生气，可是又没有办法。

就这样，希尔顿拥有了土地使用权，从银行顺利地获得了30万美元，加上手头上剩下的7万美元，他就有了37万美元。可是这笔资金离100万美元还是相差得很远。于是希尔顿又找到一个土地开发商，请求开发商和自己一起开发这个旅馆。这个开发商给了希尔顿20万美元，这样希尔顿的资金就达到了57万美元。

1924年5月，希尔顿的旅馆在资金缺口已不太大的情况下开工了。但是当旅馆建设到一半的时候，希尔顿的57万美元已经全部花光了，希尔顿又陷入了困境。这时，他又来找老德米克，如实说明了资金上的困难，希望老德米克能出资，把建了一半的建筑物继续完成。希尔顿说："旅馆一完工，你就可以拥有这个旅馆，不过你应该租赁给我经营，我每年付给你的租金最低不少于10万美元。"

这个时候，老德米克已经被"套牢"了，如果他不答应，不但希尔顿的钱收不回来，自己的钱也一分都回不来了，他只好同意。而且最重要的是自己并不吃亏——建希尔顿旅馆，不但旅馆是自己的，连土地也是自己的，每年还可以拿到10万美元的租金收入。于是老德米克同意出资继续完成剩下的工程。

1925年8月4日，以希尔顿名字命名的"希尔顿旅馆"建成开业，希尔顿的人生开始步入辉煌。

希尔顿正是用"借"的办法，用5000美元在两年时间内完成了他的宏伟计划，不能不说他是善于借用资源的高手。其实这样的办法说穿了也十分简单：找一个有实力的利益追求者，想尽一切办法把他与自己的利益捆绑在一起，使之成为一个不可分割的共同体，让对方帮助自己实现目标。

现今，不论是商界、政界还是科技界的成功者，大都是善借别人之"势"、巧借别人之"智"的高手。

美国前国务卿基辛格在处理白宫内的事务时，就是一位典型的巧于借用别人力量和智慧的高手。

基辛格有一个惯例，凡是下级呈报上来的工作方案或议案，基辛格先不看，压上几天后，把提出方案或议案的人叫来，问他："这是你最成熟的方案(议案)吗?"对方思考一下，一般不敢肯定是最成熟的，只好答说："也许还有不足之处。"基辛格就会叫他拿回去再思考，修改得完善些。

过了一段时间后，提案者再次送来修改过的方案或议案，此时基辛格把方案看完后，问对方："这是你最好的方案吗？还有没有比这方案更好的办法?"这又会使提案者陷入更深层次的思考，于是把方案拿回去再研究。

就这样，基辛格反复让别人深入思考研究，使之达到自己的要求，这是基辛格治政的一个高招。

借助他人的智慧，帮助自己达成目的，这是典型的借势借力技巧。在现代社会，经济迅速发展，各行各业以及各部门之间的竞争非常激烈，单靠一个人的能力是很难取得成功的。因此，群策群力，依靠大家的力量，才能更轻松地实现目标。

犹太人是做生意的专家，他们懂得如何借力借势去实现经营目标，赚取更多的财富。如果一个犹太人在一条街道上开一家餐馆，另一个犹太人就会选择开一家洗车店或是娱乐场所，而绝不会再开一家餐馆。因为开车去餐馆吃饭的人吃完饭顺便也会洗洗车，而专门去洗车的人也会因为有吃饭的需求而去餐馆；或者人们吃完饭之后需要放松，玩累了之后也会肚子饿，继而选择去餐馆吃饭。犹太人就是这样，互相借力，合作借势，共同赚钱，避免了同时开餐馆带来的竞争压力。

世界上第一条牛仔裤的发明者利维·斯特劳斯是一名犹太人，他是1849年美国加利福尼亚州著名的"淘金潮"中的一员，但他并没有因黄金发家，而是借助这股"淘金潮"以牛仔裤发了家。

利维·斯特劳斯发现，高强度的劳动使得矿工们的衣服极易磨损，矿工们迫切希望有一种耐穿的衣服。在这种背景下，他决定放弃竞争激烈的淘金工作，独辟蹊径，发明了结实耐用的牛仔裤，来满足矿工们的需求。

"好风凭借力，送我上青云。"斯特劳斯虽然没有赚到采掘金矿的钱，却赚到了比淘金更多的钱。

犹太人善于借助别人的力量，使自己的能力发挥到极致。很多犹太商人还有一个共同特点，就是善于发现商机，拥有识别、创造商机的眼光。犹太企业的老板往往能把每一个员工的力量和智慧淋漓尽致地发挥出来。所以，善借他人之力，自己不仅省力、省心，同时还能达到事半功倍的效果，何乐而不为？

# 借平台筑起自己的高楼

《塔木德》说:“如果你只是等待,发生的事情只会是你自己变老了。”

犹太人认为,做事不仅要实干,而且要巧干,要巧借东风,善用别人的平台调兵遣将,以最小的成本做成自己最大的买卖,以此来获得最大的收益。巧借东风,就是说要善于借用别人的平台,顺势造势,借力使力而不费力。经商成功的捷径不是计较、算计,而是将别人的平台最大限度地为己所用。而方法之一就是在商战中借平台筑自己高楼,使自己最大限度地减少投入成本,获取最大的收益。

无论是一个国家的经济发展,还是一个人的商业经营,都会有一个原始资本积累的过程。在初期无资金无技术无名气的情况下,要建立信誉和事业基础,就需要我们用智慧巧借别人的平台来搭建自己的事业框架，最终实现资本积累。

石油大王洛克菲勒早期和同行业的竞争者相比实力很弱，如果和对手正面竞争的话，不一定能够获胜，但他最终巧妙地借用第三者——铁路霸主的平台，以低廉的运输价格挤垮了同行，最终实现了“小鱼吃大鱼”的愿望。比尔·盖茨也是因为借用IBM的平台才逐步建造了自己的软件帝国。

一个人在没有事业平台时，巧借并善用他人的平台，会使自己在成功的路上走得更快些。

很多年前，阿迪·达斯勒兄弟俩在母亲的洗衣房里开始了制鞋业。他们边制作边出售，销售情况良好。兄弟俩视质量为企业的生命，不断地在款式上创新。他们不厌其烦地根据每位顾客的尺寸、脚形制鞋，每一双鞋都能满足消费者的要求。由于种种有利于顾客的经营方式，兄弟俩的家庭制鞋作坊发展得很快，没几年时间就扩展为一家中型的制鞋厂。

在1936年的奥运会来临之前，兄弟俩发明了短跑运动员用的钉子鞋。他们派人打探参赛运动员的情况，在得知美国短跑名将欧文斯很有希望夺冠的消息后，便无偿将钉子鞋送给欧文斯试穿。后来欧文斯果然不负众望，在比赛中获得了4枚金牌。欧文斯穿的钉子鞋一举成名，阿迪鞋厂的新产品成了国内外的畅销货。此后，阿迪鞋厂成了阿迪公司，专营各种体育用品，但是最传统的也最著名的产品仍是足球鞋。这些足球鞋在世界各个国家都非常受欢迎，阿迪达斯几乎成为足球鞋的代名词。后来，阿迪公司仍然借用奥运会运动员的宣传推出自己的品牌。比如，有一次，阿迪公司发明了可以更换鞋底的足球鞋，并把新产品无偿送给德国足球队。

1954年世界杯足球赛在瑞士举行。不巧，比赛前下了一场雨，赛场非常泥泞，匈牙利队员在场上踉踉跄跄，但穿着阿迪达斯球鞋的联邦德国队却健步如飞，并第一次获得世界冠军。至此，阿迪达斯名震海内外，成为世界制鞋业的王者。

阿迪达斯公司正是靠着奥运会和参赛的金牌得主们而获得了品牌上的成功，更为绝妙的是，他们借冠军的声名宣传自己，为公司的声望和品牌形象造势。

阿迪达斯公司甚至不惜花大代价找顶级运动员或潜在的金牌得主穿上阿迪达斯公司的鞋，此举是“项庄舞剑，意在沛公”。运动员们在大赛中穿着阿迪达斯的鞋，实际上就是给阿迪公司的鞋子做活广告，一方面说明阿迪达斯的鞋子适合运动员穿，质量很好；另一方面也暗示了穿阿迪达斯的鞋子可以帮助运动员在比赛中夺得冠军。

阿迪达斯公司巧妙地借用了奥运会和奖牌得主这一平台，使得阿迪达斯公司成为世界制鞋业的王者。至今阿迪达斯的鞋子仍享誉全球，阿迪达斯公司也成功地占有了全球大部分运动鞋类市场。

虽然经营任何事业都不能一步“登天”，但是“登天”的方法却是多种多样的，只要办法得当，就可以快捷省力。而善借别人的平台，善用别人的平台，正是走向成功的绝好方法之一。

《塔木德》中有一句话：“没有能力买鞋子时，可以借别人的，这样比赤脚走得快。”这说明借用平台非常关键，使用平台也很关键。所以，如果你不能正确借用、使用别人的平台，纵使黄金放在你的脚下，你也不会发现并捡起它。

# 找棵"大树"好乘凉

《塔木德》说："独特的眼光有时比知识还重要。"

俗话说得好：一个篱笆三个桩，一个好汉三个帮。犹太人认为，几乎所有的富翁，共性之一就是擅长交际。他们知道，自己认识和认识自己的人越多，自己在事业上的机会就越多，"好运"也就越多，因为"多个朋友多条路，多个敌人多堵墙"。所以，人要想在事业上有发展，一定要在广交"人脉"的过程中，善于寻找可以为自己遮阴挡阳的"大树"，因为"大树底下好乘凉"。

美国老牌影星柯克·道格拉斯年轻时落魄潦倒。包括许多知名大导演在内，没有人认为他会成为明星。

有一次，柯克·道格拉斯乘火车出行，他的旁边坐着一位女士，漫漫旅途，时间难以打发。于是，柯克·道格拉斯便主动与身边的女士攀谈起来，没想到这一聊就聊出了一个重大机会。从此，他的人生开始改变。没过几天，柯克·道格拉斯被邀请到制片厂报到。原来，火车上的那位女士是位知名制片人。从此，柯克·道格拉斯因为结交了这位女制片人，找到了可以提携自己的人，从而获得了一个个良好的展现表演才能的机会，就此，一切美梦成真。

你或许会觉得你的同事在水平、能力等各个方面都和你不相上下，甚至有的地方还不如你，但为什么他们可以有好的机会，而你却没有呢？很可能就是因为有人赏识他们！为什么赏识的偏偏是他们呢？因为他们的后面也许有一棵“大树”，为他们“遮风挡雨”，给他们谋取升职加薪的机会！

由此看来，一个人要想成就一番大事业，单靠自己一方面的力量是不够的。在自己力量薄弱时，就要善于借助“大树”的力量，善于寻找“大靠山”，借助“贵人”的帮助，开辟出一片新天地，这不仅仅是谋略，也是一种成功的经验和智慧。而找到“大树”的好处在于：容易脱颖而出，能够缩短奋斗的时间，可以“有所庇护”。

法国小说家莫泊桑是19世纪著名的批判现实主义作家。他的《羊脂球》《俊友》和《项链》等许多优秀作品，至今广为流传。

莫泊桑小时候是个调皮捣蛋的学生，曾因盗窃被学校开除。后来，文学巨匠福楼拜发现了莫泊桑的文学天赋，并将他引向文学的

“正道”，莫泊桑因此得以留名千古。福楼拜就是莫泊桑依靠的那棵“大树”。

莫泊桑在1850年出生于法国北部的诺曼底。父母在他幼年时分居，由母亲将他和弟弟抚养成人。母亲爱好文学，所以莫泊桑幼年时期的环境有很浓厚的文学气氛。文学巨匠福楼拜与莫泊桑的母亲是很好的朋友，他们常常一起谈论文学方面的问题。

十几岁时，莫泊桑考上了易北特神学院。母亲希望他成为一名牧师。可是莫泊桑不想当牧师，他在学院上学时因为偷喝了一个神父的酒而被学校开除了。

普法战争结束后，莫泊桑因服兵役来到巴黎，先后担任海军部和文化部的公职。在此期间，他去拜访母亲的朋友——著名作家福楼拜，并成为福楼拜的正式弟子。

福楼拜以一部小说《包法利夫人》奠定了自己在文坛的地位，他一直想找一个有培养前途的“高足”。莫泊桑则一直想找一位德高才厚的老师。两人在彼此的渴望中相遇，于是很自然地结为师徒。此后，在福楼拜的指导下，莫泊桑勤奋写作。在那漫长的7年的写作过程中，每逢星期日莫泊桑就带着诗稿、剧本和小说来向福楼拜求教，当面看着恩师怎样用笔修改他的稿子。

福楼拜教给莫泊桑达到文学成就的三重定理：观察、观察、再观察。1880年，30岁的莫泊桑发表短篇小说《羊脂球》，这部作品受到了福楼拜极大的赞赏，从此，莫泊桑在法国文坛上站稳了脚跟。又过了3年，莫泊桑的《一生》发表，得到俄国大作家托尔斯泰的肯定，成为全球知名的作家。

虽然莫泊桑因病早逝，只活了43岁，但他却创作了6部长篇小说、3部游记和270篇短篇小说，在世界文坛上有很高的地位。在莫泊桑的成长历程中，很显然，他的成功受益于恩师的点拨与提携。可以说，如果没有福楼拜这棵"大树"的引导和悉心指教，莫泊桑很难取得如此成就。

一个人在实力不强或技艺欠缺时，找棵"大树"是十分有必要的。有些人认为只要自己出类拔萃，无须他人的帮助，照样可以脱颖而出。其实，这种观点是片面的。有"大树可靠"就像牛顿说的"站在巨人的肩膀上"，节省下来的时间和精力还可以帮助我们继续取得更多的成就。

人在职场，身不由己，但有一点可以做到，就是编织自己的"人脉网"，选择自己的那棵"大树"。任何一个能够在人生道路上给予你帮助和鼓励、影响你人生路线的人都可以被视为"大树"。"大树"可以是你的上司，可以是你最要好的朋友，也可以是你的同学、亲属，甚至可以是一个萍水相逢的人。只要你有心，只要你有一双善于发现的眼睛，你就会发现，"大树"就在你身边。

年轻的寿险推销员杰克来自贫困家庭，他没什么朋友。而华特是一位很优秀的保险顾问，拥有许多非常赚钱的商业渠道。华特生长在富裕家庭中，他的同学和朋友都是学有专长的社会精英。

杰克与华特的世界有着天壤之别，所以在保险业绩上也是差距很大。杰克没有广泛的人际网络，也不知道该如何建立“人脉”，如何与来自不同背景的人打交道，所以“人缘”不太好。

一个偶然的机会，杰克参加了开拓人际关系的训练课程，受课程启发，他开始有意识地和在保险领域颇有建树的华特联系，并且和华特建立了良好的私人关系。后来，他通过华特认识了越来越多的人，华特这棵“大树”帮助杰克打开了事业上的新局面。

很多“大人物”往往是有实力的人，他们掌握和操纵着某一领域的话语权，有着广泛而深刻的影响力。借助“大人物”的“势力”，“小人物”能快速地提升自己的地位和声誉。在现代社会，这种手段也常在政治、经济、文化以及外交等领域被广泛运用，而且大有日趋扩展之势。因此，对于人际交往，借助他人之力也不失为一种扩展“人脉”、提高自身形象的方法，还是扩大自己影响的一种策略和技巧。

一个人希望被社会承认，是正当追求，对社会进步也有积极意义，而借助名人的威望、名声提高自己的社会知名度，是被社会所承认的方式之一。但名人们大多高高在上，不是一般人容易接近的。那么，如何跟他们“搭上线”，让他们帮助自己呢？

史坦芬·艾勒的一句话可以帮助我们：“把鲜花送给‘实力人物’

身边的人，即使他们只是你心目中的小角色。”“大人物”身边的秘书、爱人，甚至是尚处弱冠的小孩子，也是不可“放过”的，因为结交他们会有与“大人物”交往的机会。而人与人之间只要有了情义和信任，就会带来双赢的效益。因为，有些“大人物”身边的“小角色”会在某个关键时刻影响你的前程和命运。当你结识了某位“大人物”身边的人后，一定要把握住这份关系，尽你可能得到他们的支持。

所以说，选择什么样的人做“大树”，决定了我们会成为怎样的人，以及今后的发展方向如何。总结起来，要找棵真正的“大树”，须注意以下几点：

**(1)找有声望的人**

声望是一个人在其所处的环境之中逐渐积累起来的为众人所仰望的名声。声望并非仅指某些人家世显赫或地位超绝，获得良好的声望。好的声望要花费漫长的时间，更需要具备一定的本领和能力。有很高声望的人，大多具有渊博的知识、令人钦佩的品质、突出的技能，或是在某一方面有所作为。这种人在他所处的环境中通常拥有极高的领导力和号召力。

所以，找有声望的人做“贵人”，或是找声望颇高的人做“靠山”，能够大大提升你的素养，帮助你增添个人魅力。而且，能够得到有声望的人的“看重”，你会给别人以“他在某方面有过人之处”的印象。另外，经常与有声望的人接触，不仅会吸引众人的目光，让你在人前的“上镜率”提高，而且你能够借助对方的声望去结识一些显赫的人，对你今后的发展大有好处。

**(2) 找有能力的人**

能力是一个人能够胜任某项任务所具备的客观条件，大都是通过后天的努力慢慢锻炼出来的。一个人能力的高低，决定了他在工作岗位上所处的地位。“大树”式人物的决策能力、专业技术能力、人际交往能力等都要强于一般人。这些“大树”式人物，有着极广泛的人脉，因而找有能力的人做“大树”，你会得到更多的机会。

**(3) 找有进取心的人**

进取心是一个人努力向前、立志有所作为的精神，是一个人若要取得成绩就必须具备的优良品质之一。拥有进取心的人，思维方式大都积极向上，有远大的目标和理想。他们希望取得成功，也愿意为成功付出努力。和有进取心的人在一起，他们积极向上的精神能够时刻感染你，让你在懒惰懈怠的时候重整精神；而在你迷茫无措的时候，他们又会为你提出积极的建议。以有进取心的人为依靠的“大树”，能够使你时刻保有积极乐观的心态和永不懈怠的斗志，这些都是取得成功的必备条件。当然，有些“大树”可以和你并肩作战，有些“大树”可以和你一路互相鼓舞、互相激励，最终在成功之路上齐头并进，还有些“大树”会因为对你的了解而时常帮助你。

**(4) 找与自己有相同观念的人**

“道不同不相为谋”是古人的名训，意思是观念想法等相悖的人，就无法在一起共事。“道”在这里的意思比较广泛，既可以是志趣、志向，也可以是思想观念和学术主张。司马迁在《史记》中写道：世上学道学的人不屑学儒学，学儒学的人也不屑学道学。这就是因为两种不同思想之间的差异，使得人们在为人处世的时候抱有不同的态度，而态度的不同又使他们做事的方法不同。因此，持有不同观念的人之间，往往会产生意见上的分歧，平日里还好，一起共事的时候就很难和谐相处了。而找与自己有相同观念的人，正是为了避免在日后的合作中产生矛盾，这样保持关系会长久。

总之，我们寻找“大树”时一定要找比自己优秀的人。选“大树”就如同交朋友，他们不仅仅是你工作上的依赖者、指引者乃至提拔者，更是你的好友，是你奋斗的目标。中国古人说：见贤，才会思齐，所以，找一棵好的“大树”，不但会使你在工作上获得成功，而且会让你自身更为完善。

## 借鸡下蛋，以“无”变“有”

《塔木德》说：“活用一切有利条件，充分发挥自己的潜能。”

在犹太人眼里，一切都是可以“借”的，他们借资金、借技术、借人才……凡是自己没有的东西都想靠“借”获取到。

很多犹太人都是白手起家，他们自己所拥有的原始资金同创业所需要的资金相差太远，可是他们懂得如何用好自己的资本，同时，借用他人的资本，“以无变有”。即使一些犹太人已经腰包满满，但还是习惯于“借”，用别人的钱为自己挣钱。

犹太人善于借贷，他们常常从银行借资金，让银行的“鸡”为自己“下蛋”。美国亿万富翁丹尼尔·洛维洛就是以这种方式发家的。

洛维洛在接近40岁时还很穷，没什么出息。突然有一天，他“大彻大悟”了，他发现了用别人的钱来赚钱的方法。

洛维洛的具体做法是：先向银行借得贷款，买一艘普通的旧货轮，然后将它改装为油轮，包租出去。后来，洛维洛又巧妙地以这艘船做抵押，到银行借得另一笔贷款，接着又买了一艘货船，将其改装成油轮后出租……

若干年过去了，洛维洛不断地贷款、买船、出租，生意越做越大。每当他还清一笔贷款，就意味着有一艘船已名正言顺地变成了他的私产，租金收入也不再作为还贷款项流入银行，而是落入他的私人腰包。

后来，洛维洛借钱赚钱的方法又迈上了一个新台阶，几乎到了“登峰造极”的地步。他先组织人设计和建造一艘船，在安放龙骨以前，他便找来某家运输公司，让这家运输公司预定包租这艘八字还没有一撇的船。洛维洛再拿着运输公司与他签订的租船合同并以未来的租金收入做担保到银行贷款，然后再用贷到的这笔钱建造这艘船。经过数年时间，当这笔贷款连本带息全部偿还之后，这艘船就是洛维洛的了。

如此这般，洛维洛没花一分钱，便成了一艘艘船的主人。如今，洛维洛不但拥有世界上首屈一指的私人船队，还拥有众多的旅店、办公大楼及钢铁、煤矿、石油化工公司。

“借钱生钱”是“借鸡下蛋”的一个最典型的运用。除此以外，借势生势、借名生名的道理也是如出一辙。当然，如何巧妙地借助外界的庞大势力，“垫高”自己赚钱的高度，也是一门学问。

数十年前，美国黑人化妆品市场由佛雷化妆品公司独霸天下。后来，一位名叫乔治的供销员看准这一行前景光明，便毅然辞职，独立门户，创建了当时只有500美元资金、3名职员的乔治黑人化妆品制造公司。

乔治很清楚自己当时的境况——弱小势薄，很容易被大集团吞并。他想，如果自己迅速发展，还必须借助大集团的势力。于是，当乔治的工厂所生产的粉质化妆膏产品上市以后，他立刻打出了这样的广告：当你用过佛雷公司的产品后，再抹上乔治粉质化妆膏，将会有意想不到的效果。

从表面上看，乔治的广告是在为佛雷化妆品公司做宣传，但实际上，乔治是借用佛雷化妆品公司的名气打响自己的品牌。

结果，顾客们很快地接受了乔治公司的产品。乔治一鼓作气，又推出了黑人化妆品系列，扩大了市场份额。

如今，乔治公司已经在美国黑人化妆品市场占据了举足轻重的地位，并且把目光投到了其他有黑人的国家。试想，要是乔治公司没有借助当时佛雷化妆品公司的影响力，乔治公司的化妆品又怎么能如此之快地占据市场呢?

对于白手起家的乔治公司来说，“借鸡下蛋”让乔治公司成为化妆品市场的霸主之一。可见，人如果能够巧妙地借用资源，利用各种条件来发展自己、壮大自己，借别人的力量完成自己的目标，就能获得较快的发展。今天奥运会的运营模式也是从尤伯罗斯“借名生利”的成功范例中摸索出来的。

美国一家旅游公司副董事长尤伯罗斯，在任第23届洛杉矶奥运会组委会主席时，为奥运会赢利15亿美元。而这赢利的15亿美元是他靠非凡的“借术”成功的。

奥运会是当今最知名的体育盛会，但以前却亏损得非常厉害。1972年在慕尼黑举行的第20届奥运会所欠下的债务，久久不能还清。1976年加拿大蒙特利尔第21届奥运会，亏损10亿美元。1980年在莫斯科举行的第22届奥运会耗资90多亿美元，亏损更是空前。从1898年现代奥运会创始以来，奥运会几乎变成了一个沉重的“包袱”，谁背上它都会被它造成的巨大债务压得喘不过气来。在这种情况下，洛杉矶市却奇迹般地提出了申请，声称将在不以任何名义征税的情况下举办奥运会。尤伯罗斯任组委会主席后更是明确提出，不要政府提供任何财政资助，政府不掏一分钱的洛杉矶奥运会将是有史以来财政上最成功的一届奥运会。

那么，没有资金怎么办？借。在美国这个商业高度发达的国家，许多企业都想利用奥运会这个机会来提高本企业的知名度和产品销售额。尤伯罗斯清楚地看到了奥运会本身所具有的商业价值，把握住一些大公司想通过赞助奥运会以提高自己知名度的心理，决定把私营企业赞助作为经费的重要来源。

尤伯罗斯亲自参加每一项赞助合同的谈判，并运用他卓越的推销才能，凭借挑起同一行业之间的竞争来争取厂商赞助。对赞助者，他不因自己是受惠者而唯唯诺诺，反而对赞助者提出了很高的要求。比如，赞助者必须遵守组委会关于赞助的长期性和完整性的标准；赞助者不得在比赛场内，包括空中，做商业广告；赞助的数量不得低于500万美元；当届奥运会正式赞助单位只接受30家，每一行业选择一家，赞助者可取得当届奥运会某项商品的专卖权。

尤伯罗斯这些听起来很苛刻的条件反而使赞助具有了更大的诱惑性，各大公司拼命抬高自己赞助额的报价。仅靠这一妙计，尤伯罗斯就筹集到了385亿美元的巨款，是传统做法的几百倍。

尤伯罗斯提出赞助费中数额最大的一笔交易是出售电视转播权。

尤伯罗斯巧妙地“挑起”了美国三大电视网对独家播映权的争夺战，并借他们竞争之机，将转播权以28亿美元的高价出售给了美国广播公司，从而获得了当届奥运会所需的1/3以上的经费。此外，他还以7000万美元的价格把奥运会的广播权分别卖给了美国、欧洲一些国家和澳大利亚等。

规模庞大的奥运会，以往所需服务人员的费用是一笔很大的开销。尤伯罗斯在市民中号召无偿服务，成功地“借”来三四万名志愿服务人员为奥运会服务，而代价只不过是一份快餐加几张免费门票。

奥运会开幕前，要在希腊的奥林匹亚村把火炬点燃，然后将火炬空运到纽约，再绕行美国的32个州和哥伦比亚特区，途经41个大城市和1000个镇，全程15万公里，通过接力，最后传到洛杉矶，在开幕式上点燃火炬。以前的火炬传递都是由社会名人和杰出运动员独揽，火炬传递也只是为了吸引更多的人士参与奥运会。有的国家花了巨资却“吃力不讨好”，有的国家干脆用越野车拉着火炬到全国转一圈就完了。尤伯罗斯看准了这点：以前只有名人才能拥有的这份权利、殊荣，一般人也渴望得到。于是，尤伯罗斯宣传：谁要想获得举火炬跑一公里的资格，可交纳3000美元。结果，人们蜂拥着排队去交钱！人们都认为这是一次难得的机会，因为在当地跑一公里，有众多的亲朋、同事、邻居观看、鼓掌、喝彩，是种巨大的荣誉。仅这一项，尤伯罗斯又筹集了4500万美元。

另外，在门票的售出方式上，该届奥运会打破了以往奥运会当场售票的单一做法，提前一年将门票售出，由此获得了丰厚的利息。

由于尤伯罗斯成功的经营，该届奥运会净赢利为2.25亿美元。收支结果公布后，一下子轰动了全世界。

尤伯罗斯成功的秘诀其实就是“借鸡下蛋”，他通过巧妙制定策略，成功地“借”到了大量的财力和人力，扭转了奥运会一直亏损的局面，做出了具有历史转折意义的一系列举措。尤伯罗斯运作的那一届奥运会之所成功，更加充分地说明了“借用”外力的重要性和可行性。

每个人的“本钱”都是有限的，即使这个人再聪明、再能干，也不可能样样精通；即使这个人再富有、再有背景，也不可能无所不有。所以，一个人要想成就一番大业，“借鸡下蛋”的智慧是必不可少的。

## 聚精英的智慧为己所用

《塔木德》说："我们唯一的财富就是智慧，当别人说1+1等于2时，你应该想到大于2。"

生活中，很多人爱"面子"，觉得主动寻求别人的帮助、支援是"丢脸面"的事情。其实，人各有所长，很多事情仅凭个人能力往往解决不了，但有些人，比如我们的朋友或亲人，能够解决我们解决不了的问题，他们就是我们的外在资源和成功力量。

在我们所处的社会，"单打独斗"是行不通的，很多事情必须靠他人帮忙，才能完成。在向他人求助时，心态要放平，既不要低三下四，也不要一定依赖此人，应简单明了地陈述自己的要求，切不可展现出一副咄咄逼人要求他人必须帮助的姿态。要知道，他人帮忙不是义务，可以帮，也可以不帮，不帮时我们不可有埋怨他人的心态。

现今，有些人一提到"求人"就皱眉头，甚至对"求人"抱有一定的偏见，认为那是卑躬屈膝、低三下四的表现。这些人常常引以自豪地对别人说："我平素不喜欢求人。"这句话似乎带有一些炫耀，告诉别人自己是有实力的，但若常把这句话挂在嘴边，实际上并没有什么意义。人在社会上立身处世，固然要自力更生，但有许多事情是自己难以独立完成的。所以"求人"是极为正常的事，并不丢人。

人生一世，谁敢担保永世"不求人"？生活中有太多无奈，使人不得不去寻求他人的帮助和支援。假如你是一位待业青年，希望能找到一份如意的工作；假如你是一个职员，希望能平步青云；假如你是一位记者，希望能紧握伟人的手；假如你有急用，希望能筹借到一笔款子……生活的现状总会迫使人不得不去求助于别人，而能否得到别人的帮助，在很大程度上取决于你有没有"求人"的真实基础以及"求人"的技巧和策略。

自称不愿"求人"的人，往往是人生的失败者。从心理学方面分析，人的性格虽然不同，比如，有的人宽容，有的人小气，有的人豪爽，有的人狭隘，但无论什么样的人，大多不会吝啬对别人的帮助。当你对一个能帮上忙的人说"我不喜欢求人"时，即使你的话不是对他说的，对方也会感觉你是在将他拒于千里之外，从而对你产生疏远感，甚至还会怀疑你是在轻视他的能力。所以，当你遇到困难时，不妨向别人求助，而且，在对方能力允许并心情愉快时求助，更容易得到帮助。

密歇尔·福里布尔是个出生在比利时的犹太人，他经营着世界上著名的谷物公司——大陆谷物总公司。密歇尔的分公司遍布世界几十个城市，总公司设在纽约。据有关资料显示，他的公司每年总收入超过25亿美元，他的个人资产近10亿美元，是个超级大富豪。

密歇尔的公司是家族式企业，他从父辈手中接过产业后，采取了与前一辈人不同的经营方式，运用了现代经营策略，把公司的业务迅速扩展到世界各地。大陆谷物总公司能够在30多年的时间里迅速发展壮大，除了有一套高超的经营艺术外，也得益于密歇尔善于借他人智慧为己所用的智慧。密歇尔知道仅凭一己之力是无法将公司做大做强的，因此，他不惜重金聘请大批懂技术的专业人才，让他们从分布在各地的分公司随时收集分析来自世界各地的信息情报。

密歇尔根据各地的信息汇总，然后做出最终的决策。此外，他还以高薪聘各国情报局的退休人员，这些人员既有专业知识和能力，又有良好的"人脉"，十分了解当地的情况。他们提供的信息或了解到的情报，对密歇尔的决策很有参考价值。如某国某地区发生灾害，他立即下令相关分公司组织货源，尽快从粮食丰收的国家或地区调集粮食，然后向受灾的地区销售，从中赚取较高利润。

密歇尔的经营能力超常，但他并非手眼通天，所以他在很多岗位上不惜重金求贤，这就是典型的犹太商人的智慧，即聚精英的智慧为己所用，从而使利润实现最大化。

善于“求人”，用之有道，是很多成功者津津乐道的“借势”技巧。

亚历山卓·福特，这位百万圆桌会议有史以来最年轻的会员，保险业的传奇人物，他的发家便是从12个客户开始的。

福特说：“我有12个朋友，那么他们也有12个朋友，如果我请求他们将他们的朋友介绍给我认识，我就一下子有了144个客户。”所以福特常常请自己的客户吃饭，还定期和客户开交流会，并请求他们将自己的朋友也带来。这样不仅使福特的工作日见成效，也使他寻找到了更多的事业机会。福特说：“成功者在创业过程中都会得到许多人的帮助，因此，如果你对他们说‘我需要您的帮助’，一般情况下，他们会很乐意帮助你的。”

交际学家甘顿认为，“善意地向他人求取一些小惠，是获取别人好感的最好方法”。因为，每一个人都渴望得到别人的尊敬与重视，如果尽自己的所能给予别人一点儿恩惠，那么，在自己心底会生出一种想法：我对别人有用，我可以帮助别人。这种想法会给帮助者自己带来愉悦感和幸福感，而得到帮助的一方也会因为感激而记着并尊重帮助者。

那么，要想成功地“求得”别人的帮助，应遵循哪些基本原则呢？

第一，诚恳礼貌，即人们常说的“精诚所至，金石为开”，“礼貌待人，铁心可化”，这是“求人”成功的先决条件。

第二，播种爱心。如果你希望自己在落魄时能有朋友向你伸出援手，平时最好多做些“人情投资”。因为，如果你从来没有帮助过别人，别人又怎会心甘情愿地帮助你呢？

有句民谚说得好：种瓜得瓜，种豆得豆。意思是说：种下什么样的种子，就会收获什么样的果实。助人与获得帮助也是如此，在别人需要帮助时及时伸出援手，这样当你需要向别人求助时，诚心请援，你也能获得帮助。

# 众人划桨才能开大船

《塔木德》说："哪怕只有1%的可能，只要你经过周密安排把握住了，你赚钱的机会就是100%。"

犹太人认为，成功离不开合作，因为"一个巴掌拍不响"。东西方人在"合作能够成功"这点上有相同的认识。

去过中国寺庙的人都知道，一进庙门，首先是弥勒佛，笑脸迎客，而在他的背面，则是黑口黑脸的韦驮。那么，差别如此巨大的两尊佛像，怎么会在同一个庙里呢？

相传在很久以前，他们并不在同一个庙里，而是分别掌管不同的庙。弥勒佛热情快乐，所以到他的庙来的人非常多，但他太粗心，丢三落四，账务管理得很糟糕，所以经常入不敷出。而韦驮虽然在管账上是一把好手，但他整天阴着个脸，好像所有的人都"欠了他的谷子还了他糠”一样，搞得他来庙里的人越来越少，最后香火断绝。

佛祖在查香火的时候发现了这个问题，就将他们俩安排在同一个庙里，由弥勒佛在前面负责“公关”，笑迎八方客，使香火大旺，而韦驮在后面，铁面无私，锱铢必较，管理财务。从此，在两人的分工合作下，庙里呈现出一派欣欣向荣的景象。

弥勒佛与韦驮的合作堪称完美，作为“弥勒佛”一方，他知道自己的缺点在于不会理财；作为“韦驮”一方，他知道自己的缺点在于太铁面无私，容易得罪人。而两者的优势互补，让“合作”有了“可能”的前提。

一个人的力量是有限的，只有与别人默契配合、精诚合作，各司其职、各尽其能，谋求共同发展，才能获得成功。

在商界，有很多完美合作的例子，合作最终让企业百年长青。

托马斯·贝茨公司的创办人兼第一任行政主管托马斯，自公司1898年建立以来，就一直与他的普林斯顿大学的同学赫马特·贝茨合作。

托马斯管技术和生产，贝茨管推销。后来，托马斯接任贝茨的职位，直到1960年退休。

麦克唐纳是托马斯的第一行政主管副主席，是一个非常严厉、纪律性很强的人，他在任时提出了一系列明确的管理规定。另外，他也是一个具有超强能力的推销员、市场经纪人和对外联络员。

麦克唐纳建立了托马斯·贝茨公司与电器批发公司之间的密切关系。麦克唐纳与公司创办人的儿子鲍勃·托马斯搭档接任。鲍勃是一位性格内向，但办事效率高的“内务大臣”，两人合作得很好。麦克唐纳说：“我们这个有100年历史的公司，先后有6位行政主管，每次都由两位个性不同的人共同担任，从而产生了理想的领导力。”

人在创业过程中，找到最适合自己的合作伙伴，那么合作的力量一定比一个人独自去做大得多。大量事实表明，许多跨国公司、大财团的创始阶段，都是两人或三人合伙创立的，这正是因为在生意场上，一个人的力量是有限的，一个人的发展空间也是有限的，只有把有限的力量投入到无限的合作中去，才能让企业发展得更好。可见，合作是成功最好的途径。

每个人都有自己的人格魅力，有的人真诚，有的人实在，有的人谦逊，有的人直率……这些都是吸引他人主动接近自己的资本。那么，怎样才能吸引他人与你合作呢？

合作的前提是你必须有自己独特的优势资源，这样他人会主动将自己的优势资源与你共享，最终得到“1+1>2”的收益效果，实现共赢。

《纽约论坛报》的总编辑雷特想物色一位有才干的编辑，他瞄准了年轻的约翰·海。约翰·海刚从西班牙首都马德里辞掉了外交职务，准备回家乡伊利诺伊州从事律师职业。

雷特和约翰谈了几次，可约翰每次都坚决拒绝到雷特的报社来。怎样才能使约翰与自己精诚合作，在报社里安心地供职呢？雷特后来想出了一个办法。

有一天中午，雷特请约翰到一家俱乐部吃饭。饭后，他提议约翰到报社里去看一看。在众多的电报中，雷特找到了一段重要的消息。那时恰巧国外新闻的编辑不在，于是雷特对约翰说："能否请您帮忙给明天的报纸写一段关于这消息的社论呢？"

约翰不好意思拒绝，便提笔写起来。约翰的社论写得很好，报社社长也同意了，于是雷特又设法让约翰在自己的报社"耽搁"了一个星期、一个月……在此期间，雷特不停地请约翰帮自己的忙，写新闻稿，并劝约翰担任编辑职务。约翰在"帮助"中不知不觉地放弃了回家乡去做律师的志向，最终留在了报社做新闻编辑。

**雷特将约翰"引向"编辑工作，使原本可能"不合作"的人在潜移默化中成为愿意与自己"合作"的人。雷特施展的这种"帮忙之计"，也是因人而异"说服"的一种"计谋"。**

美国著名工程师莱芬惠想换装一个新式的产量指数表，但他的想法遭到了一个工头的坚决反对。怎么办呢？莱芬惠想了许久，终于想出了一个办法。

有一天下午，莱芬惠去找那个工头，腋下夹着一个新式的指数表，手里拿着一些要征求对方意见的文件。当他们讨论文件的有关问题时，莱芬惠把那个指数表从左腋下换到右腋下，又从右腋下换到左腋下，重复了好几次。

最后，那个工头终于开口问道："你拿的是什么？""哦，这个吗？这不过是一个新的指数表。"莱芬惠漫不经心地答道。"让我看一看。"工头说。"哦，你不必看的。"莱芬惠假装要走的样子，并说，"这是给别的部门用的，你们部门用不上这种东西。""但我很想看一看。"工头又说。于是莱芬惠故意装出一副勉强答应的样子，将那指数表递给他。

当工头审视指数表的时候，莱芬惠看似随便而又非常详尽地把新式产量指数表的效用讲给他听。工头终于叫喊起来说："我们部门用不上这东西吗？哎呀！这正是我早就想用的！"

很显然，案例中的莱芬惠用了"欲擒故纵"的说服方法让对方接受了新仪表，他不仅在做法上引起了对方的兴趣，而且使双方在愉快的气氛中进行了交流。

生活中离不开朋友的帮助，事业上也离不开合作伙伴的支持。"一个巴掌拍不响，众人划桨才能开大船。"人只有与志同道合的伙伴携手，才能不惧前进中的风浪，共同推进事业的大发展。

第六章

# 犹太人的包容经典智慧

# 包容是金

《塔木德》说："把你承受的容积放大些，味道就不一样了。"

这说的是包容。

很多人说，包容自己是容易的，包容别人就比较难了。但其实包容自己也并不容易。还有些人认为自己是最不值得包容的，于是总给自己许多负担、压力，这样做其实是错误的。一个人如果连自己都不能包容，又怎能包容他人呢？

卜劳恩是德国著名的漫画家，他曾有一段时间极为消极，后来他看了儿子克里斯蒂安和自己的日记，大受启发，一下子转变了生活态度。

5月6日，星期一。真是个倒霉的日子。工作没找到，钱也花光了，更可气的是儿子又考砸了，这样的日子还有什么盼头？（卜劳恩）

5月6日，星期一。早上去上学的时候，我扶一位盲人老奶奶过了马路，心情很好。只是这次考试不大理想，但当我把这个消息告诉爸爸后，他却没有责备我，而是深深地看了我一眼，使我深受鼓舞。我决定努力学习，争取下次考好，不辜负爸爸的期望。(克里斯蒂安)

5月15日，星期天。这个该死的山姆，又在拉他的破小提琴，好不容易有个休息日，又被他吵得不得安宁。这样下去，我非报警没收了他的小提琴不可。(卜劳恩)

5月15日，星期天。山姆大叔的小提琴拉得越来越好了，我想，有机会我一定要去向他请教，让他教我拉小提琴。(克里斯蒂安)

卜劳恩看了自己和儿子的日记后，半天不语。他不知道自己从什么时候开始，竟变得如此悲观消极，难道自己对生活的承受力还不及一个孩子？后来，他慢慢变得积极、乐观，努力寻找新工作。他曾在工厂工作过，给很多杂志画过插图，后来他的连环漫画《父与子》被誉为“德国幽默漫画的象征”，受到了人们的高度赞扬，声誉远远超越了国界。有记者采访他，要他证实成就的取得是否因为看了某个大师的书。但卜劳恩却说：“真正的大师是我儿子。”

包容自己，就会理解天空需要朵朵白云的点缀；包容自己，就能明白青松翠柏需要丛丛野花的衬托；包容自己，就能体会到生命不是活给别人看的。人生活得精彩与否，其实全在自己的心境是否开阔。

犹太人身上有种种美德，比如宽容、谅解等。从更深层的意义上讲，他们不仅做到了对别人的宽容与谅解，还做到了对自己的宽容与谅解。

包容自己，放下过去的“包袱”、压力，开始新的征程，你就会发现生活的道路越走越宽，内心的太阳越来越暖，快乐也就油然而生了。每个人都有不足，面对自己的不足，不能视而不见或拒绝承认，也不能自暴自弃、惩罚自己、厌恶自己、否定自己。一个人若真正热爱生活，就会积极地呵护自己的心灵健康，坦然面对自己的不足，接受真实的自己，不伪装，放下内心的不快与执着，树立积极的人生观。

雨果说：“世界上最宽阔的是海洋，比海洋更宽阔的是天空，比天空更宽阔的是人的心灵。”当然，包容自己绝不等于放任自流，更不是在失败时为自己找个冠冕堂皇的理由。包容自己，是要给自己“喘气”的机会，为下一次奋斗积蓄能量，从而获得更好的发展。一个人做任何事尽管很难达到完美，但也要有一个目标或理想。因此，适当地包容自己的失败，总结过去的人生经验和教训，总结自己的不足，这样才能不断地提高自己。

有一部美国电影，说的是一位抱着音乐家梦想的姑娘为生计所迫，嫁给了一位勤劳朴实的农夫。

家庭的重负使她失去了实现自己梦想的机会，但她不能释怀，为此，她把梦想寄托在极富音乐天资的女儿身上。

女儿终于考上了纽约音乐学院，她欣喜若狂。然而女儿学了不到一年就执意要辍学，因为她要去做一位农夫的妻子。

母亲痛心疾首，追问女儿为什么要如此。

女儿说："我知道如果我不去考音乐学院，您就永远不会放过我。您希望我来实现您的梦想，这其实是执着于您当年未能实现的夙愿。可我的梦想只是要做我爱的人的妻子。也许我的梦想和您的相比显得太渺小、太卑微了，可是妈妈，我真的希望和我丈夫拥有自己的孩子与土地。我决不把自己的梦想遗传给自己的女儿，因为她会有自己的梦想。妈妈，为什么您就不能包容自己的心灵，放下心中的纠结呢？"

母亲沉默了。

**生活中，如果你的梦想因为现实而受阻过，请走出心灵的枷锁，学会包容自己。当然，也不要去苛求别人，即使是你的亲人。包容自己，不是懦弱的表现，也不是逃避现实，而是一种生活的智慧。所以，当面对自己苦苦纠结的事时，请不要苛求自己，适当地放宽心胸，你将发现天高海远，世界美好！**

# 人自强，事业才强

《塔木德》说："能干的人总是能设法摆脱命运给他的陷阱。"

犹太人认为，自强是人在事业发展中最重要的事。人自强，事业才强；人自强，"人脉"才丰富。

有一项心理研究，研究成功者是如何取得成功的。

研究人员从不同行业中各选出了12个人，把他们集中在一起进行测试。被试者年龄集中在30～40岁，有男有女，共同点是都取得了令人瞩目的成就，是同龄人中的佼佼者。

研究人员对这些被试者进行了各种形式的测试，有时候是一组，有时候是单独的个人。其中一项测试，是要求被试者在一张纸上按优先顺序，写下他们认为的生活中最重要的三件事。

测试中，有两个现象引起了研究人员的注意。一是这些人对待这项测试的认真态度。第一个交卷的人花了40多分钟，更多的人则花了一个多小时。尽管看到同组的多数人都已交卷，但没交卷的人仍很认真地一丝不苟地做着问卷。

还有一个引起研究人员注意的现象是，在每个人的答卷上，虽然排在第二和第三的选项各不相同，但所有人的第一个选项“创业靠谁”都不约而同地完全一致——“我自己”，而不是“爱情”“上帝”“我的家庭”“朋友”。

可见，成功者懂得，靠自己，即自强，在人生中有多么重要！自强不同于“掐尖”、“逞能”，不同于自私自利，自强是靠自己奋斗，努力向上。

那么，如何做到自强呢？

**(1)丢掉与别人攀比的习惯**

要跳出“与别人攀比”的思维模式，真正成为“与自己比较”的独立的自我。做到这点很不容易，很多人从小到大所受的教育与社会影响多半是与别人“比较”，于是养成了“比较”的习惯，但若有此“习惯”，一定要加以改变。一个人只有不与别人盲目地“比较”，才能自强不息。

**(2)肯定自己的优点**

肯定自己身上的优点并加以发扬。人在平时过多地想自己的缺点，是不自信的表现。一个连自己都不相信的人，又怎么会自强呢？所以，要自强，先要有自信心，肯定自己的优点。

**(3)养成自省的习惯**

每天记下自己所做的事，在好的方面如“努力”“认真”“勤劳”等上面打一个记号，在需要改进的方面如“骄傲”“懒惰”等上面打一个记号。在晚上做一个总记录，然后认真自省，肯定自己所做的好事，对需要改进的地方则告诉自己说：“明天我会改进，会做得更好些。”每天如此做，养成习惯，就是不断成长的过程。

**(4)宽容地对待自己和他人**

对自己要宽容，学会用幽默的态度“嘲笑”自己做得不够好的地方，而不要严厉地责怪自己。同时，多欣赏他人的优点，包容他人的缺点。

自强对一个人的成功至关重要。自强自立，可以为自尊、自爱打下基础，这样人才会在事业发展上有更大的进步。

# 真诚是通往成功的通行证

《塔木德》说："真诚是通往成功的通行证。"

犹太人认为，你对他人真诚就能赢得他人对你的真诚。真诚是人生的美德。犹太人还认为，虚伪像个威力四射的病毒，既可以无孔不入，又可能无处不在。而战胜虚伪，非真诚不可。

从前有一位居士，他去拜访一位久未见面的禅师。与禅师见面之后，他们谈得非常投机，不知不觉已到了午饭时间，禅师便留居士用餐。

侍者为他们做了两碗面条，面条闻起来很香，但两碗面条却是一碗大一碗小。两人坐下，禅师看了一下碗，便将大碗推到居士面前，说："你吃这个大份的。"按常理，居士也要谦让一下，将大碗再推回禅师面前，表示恭敬。没想到，居士看也不看禅师一眼，拿过来径自低头大吃起来。

禅师见状，双眉紧锁，有些不悦。居士并未察觉，一个人吃得津津有味。等他吃完，抬头发现禅师的碗筷丝毫未动，于是笑问禅师："您为何不吃?"禅师叹了一口气，一言不发。居士又笑着问："您生我的气啦？嫌我不懂礼仪?"禅师没有答话，只是又叹了一口气。居士接着说道："我问一个问题，我们如此推来让去，目的是什么?""让对方吃大碗。"禅师终于答话了。

"这就对了，既然让对方吃大碗是最终目的，那么如你所想，争相推来让去，何时将面条吃下肚？我将大碗面条吃了下去，你心中不悦，难道你谦让的目的不是真心？你吃是吃，我吃也是吃，如此推来让去又有什么意义呢?"禅师听完居士的一番话，心中顿悟。

一个真诚的人，必定是个真性情的人。故事中的居士是个真性情的人，所以他一语道破虚伪的假面，一指戳破虚伪的软肋。

虚与实、真与假是不难识破的，每个人的眼中都揉不得沙子，但这个世界也并非是透明的，所以，对待虚伪的人、虚伪的感情，我们要学会识别并无视之，这样才会避免受到大的伤害。

现今，很多人都在追求美好的爱情，希望最终找到一个真正爱自己的人。这需要人有一双智慧的眼睛和一颗坦诚的心。真爱也许不需要甜言蜜语，也许没那么浪漫，真爱也不需要精致的包装，不需要夸口的承诺，却一定要有内在的情感保证。当然，真爱并不是永远不会出现变化，但它若改变，却并不会有损爱的根基。

安杰拉一直找不到合适的伴侣，后来她与文质彬彬的埃布尔相识了。埃布尔正是安杰拉喜欢的类型，他不善言辞，不像以前交往的男朋友那样花言巧语。可是两人交往了一段时间后，安杰拉却陷入了苦恼之中，她总觉得两人之间还欠缺点什么。

有一次，安杰拉到埃布尔家吃饭。埃布尔的家人很多，桌子有点儿小，吃饭时很容易撞到旁边的人。于是，安杰拉吃得小心翼翼。这个细节被埃布尔注意到了，他起身离席和安杰拉身边的人换了位子，坐到了她的左边。安杰拉因埃布尔这小小的却充满了爱的温暖的举动而感动，内心有个声音告诉她：埃布尔就是她今生等待的那一个人，埃布尔是她的真爱。

以后每次吃饭，埃布尔都会坐到安杰拉的左边，两人都没有明说，但他们都知道，这就是真爱的感觉。

古往今来，爱情都是最美好的一种情感，但究竟是什么使它如此美好呢？是真诚的关怀、理解与付出。毕淑敏说：“不敢说有了真诚就一定有爱情，但可以说没有真诚就一定会丢掉爱情。”从这个意义上讲，真诚是爱的“保单”。维系爱情之树长青，需要的必是彼此的信任与包容。

著名学者季羡林先生是一个学富五车的大学者、大作家，有着很高的社会地位。他的夫人却是个没有多少文化但有着中国传统美德的女性。季羡林先生并没有因自己与夫人在知识上和地位上的不同而看不上对方。在他们组成家庭后的几十年里，他们几乎没吵过一次架，没红过一次脸，他们相互关怀，相互扶持。真挚的爱，在他们身上闪烁着耀眼的光芒。

真诚的爱情，绝不是信誓旦旦的倾诉，也不需要海誓山盟，而应该是在风雨中互相依靠，在人生路上彼此牵手。夫妻之间、恋人之间，相互要宽容大度，互相支持，互相帮助，互相鼓励。人只有真诚地去爱，爱才会长久地存在！

爱情如此，事业如此，生活更是如此。真诚，是人际交往永久的通行证。

## 批评是人生重要的一课

《塔木德》说："马在松软的土地上易失蹄，人在甜言蜜语中易摔跤。"

假如有人批评你是"笨蛋"，你会怎么办呢？是针锋相对、嗤之以鼻，还是慢慢冷静思考？是痛恨、远离这个人，还是靠近这个人？

犹太人认为，有人批评自己，是对自己关爱的表现，因为若是不相干的人，谁会对你的错误横加指责呢？所以，只有真正关心你的人，才会对你的好与坏进行表扬与批评。

爱德华·史丹顿曾称林肯是"一个笨蛋"。史丹顿之所以生气，是因为林肯干涉了自己的业务。

有一次，为了取悦一个很自私的政客，林肯签发了一项命令，调动了军队。史丹顿不仅拒绝执行林肯的命令，还大骂林肯签发这种命令是笨蛋的行为。

结果怎么样呢？当林肯听到史丹顿说的话之后，他很平静地说："如果史丹顿说我是个笨蛋，那我一定就是个笨蛋，因为史丹顿几乎从来没有出过错。我得亲自过去看一看。"

林肯果真去见了史丹顿，后来，他知道自己签发了错误的命令，于是赶快收回了命令。

对于林肯来说，只要是有诚意的批评，或是有根据有建设性的批评，他就都非常欢迎。

"批评者是我们的益友，因为他点出了我们的缺点。"美国伟大的科学家富兰克林说，"听惯了谀辞的人常常狂妄自大，只有虚心接受批评的人，才能改正缺点，提升自己。"所以，我们应该养成虚心接受批评的习惯。

人是感性动物，都希望得到肯定与赞美。若要心甘情愿地接受他人的批评，首先就要明白，批评者是真正关心自己的人，所以他才会这样做。因此，提高自己的修养，宽广心胸，态度端正，正确认识到他人每次的批评都是自己在得到他人的关爱，这是对待批评的正确态度，这样才能更容易接受批评，从而改正和提升自己。

查尔斯·卢克曼是培素登公司的总裁，每年花100万美元资助鲍勃霍伯的节目，但他从来不看那些称赞这个节目的信件，却坚持要看那些批评这个节目的信件。因为他认为，他可以从那些批评信里学到很多东西，可以找出他们在管理和业务方面还有什么缺点。

所以，如果你听到有人批评自己，先不要急着替自己辩护。因为，很多时候，别人的批评要比我们自己的意见更接近实情。我们要保持谦虚谨慎、诚恳诚实的态度，努力改正自己的缺点，提升自己的素养。

三个学习绘画的人将自己的得意之作标价出售。一会儿，过来一位顾客，他看了三幅画后，对三个人说了一句相同的话："您的画怕是值不了那么多钱吧?"

画家甲听了后，对自己的画仔细掂量，认为自己的确技术不精。他经过后来的刻苦努力，成为著名的画家。

画家乙听后只是轻轻地将画撕毁，从此改行，学习雕塑，也成为一代宗师。

画家丙则认为顾客是在不懂装懂，胡评乱评，至今，他仍是一个三流的画家，以卖画糊口，过着一般的生活。

批评有时是动力，能激发人向上的欲望，指引人走向另一个成功的巅峰。但批评有时也会被批评者看成是"毒药"，让人远离并且诅咒它。

虚心接受批评，对每个人其实都适用，因为人不是全能的，任何人都会有缺点和不足，接受批评、改正缺点是人一生的功课。人只有在分析、总结自己身上存在的问题并加以改正后才能提高和完善自己。因此，当有人批评你时，先不要急着替自己辩护，或认为丢了“面子”，而应谦虚、明理，要相信批评者是出于关心自己，所以，自己应做到有则改之，无则加勉。对于批评，须慎重听取，酌情采纳。

为人处世是人生很重要的一课，其中，正确对待批评非常重要。人只有知错，才会有改过的希望。人只有不断修正自己的行为，才能使自身达到不断完善。

很多人的问题是常发现“别人的错”，却不常发现“自己的错”，甚至因为别人的批评而仇视对方。这样的人应当经常自省。比如：“我自己是否存在问题？我如何才可以将这件事做得更好？”这样考虑问题，实际上是先承认了自己有做得不完美的地方，然后才可能继续思索怎样改进。慢慢地，再有人对你指责批评，你也会大度地接受。

拒绝善意的批评和忠告不是有英雄气概，而是怯于面对现实，这样做会使自己失去正视错误和取得进步的机会。而勇于接受批评，改正不足，则会使自己不断进步，臻于完善。

# 感恩的心让前行的路越走越宽

《塔木德》说："聪明的人会随时心怀感恩，感谢上帝赐予自己的一切。"

感恩是犹太人的传统美德。犹太人不喜欢仇恨，他们往往只记得感恩，这既是他们的处世哲学，也是他们的为人准则，他们认为感恩会让他们的生活变得更加美好。

在犹太人中有一个不成文的传统，即虽然是用自己的汗水和劳动获得丰收，但是，丰收之后，也应该留下一部分给穷人。如果在收获的过程中，有些果实或者粮食从手中滑落，不应该捡起来而应该留给穷人，因为那是上天的旨意。

感恩的传统，让犹太人认识到自己所拥有的财富虽然是通过自己的努力得来，却也是上天眷顾的结果，而这种眷顾，需要经过成功人的手，传递给其他的人。所以，即使是贫穷的犹太人，也认为自己有义务去施予比他更贫穷的人。

犹太人对他人的善意特别敏感，一点点在别人看来微不足道的恻隐之心常常会让他们感动。犹太人即使遭受不公正的待遇，也秉持感恩的信念，而不是想着报复。

众所周知，希特勒对犹太人犯下了滔天罪行。20世纪中期，纳粹屠杀了全世界三分之二的犹太人，可以说成为以色列人民不共戴天的仇敌，但以色列的国民教育中并没有多少仇恨德国的内容。这个国家建立了规模宏大的纳粹大屠杀纪念馆，但目的不是为了让以色列人记住民族的血海深仇，而是为了警示国人：不要忘记经历过的苦难，因为国家对犹太民族太重要了，以色列国来之不易，犹太人要珍爱自己的国家。

犹太人没有念念不忘对纳粹德国的仇恨，但他们却记住了一位德国恩人的名字——辛德勒。辛德勒的名字在以色列家喻户晓，这个德国人基于人性的善意，在邪恶近乎浸染了整个德意志民族时仍坚守自己的良知，冒着倾家荡产和被杀的危险拯救了几百名犹太人的生命。半个多世纪过去了，以色列人民并没有忘记自己的恩人，很多犹太人每年都要用不同的方式来纪念这位德国人。

犹太人对中国也是满怀感恩情结。“二战”期间，纳粹德国想要灭绝整个犹太民族。中国上海却向他们敞开了一扇小门。消息传出，短时间内世界各地共3万犹太人逃往上海避难。战后，3万犹太人中的绝大部分成为以色列复国后的第一代开国元勋。犹太人把在中国上海的避难史写进了以色列的教科书，也写进了不少犹太族谱家史中。在以色列的利顺市有一个独立广场，广场上立有一个纪念碑，上面写着："中国人，我们不会忘记你们的恩情！"

2010 年上海世博会上，在以色列馆门口摆放的是犹太人的感恩展示。只见这块巨大的展板上写着："犹太人在上海的求生之路——生命的纽带。"

下面的小字详细地介绍了背景："二战"期间，约有 3 万犹太人在上海得到了中国人民的安全庇护，使他们从欧洲残暴的大屠杀中逃离出来。中国人民高尚的举动将永远被犹太人民铭记。另一句话则是引用以色列前总理伊扎客·拉宾在 1993 年访问摩西会堂旧址时的留言："第二次世界大战时上海人民卓越无比的人道主义壮举，拯救了千万犹太人民，我谨以以色列政府的名义表示感谢！"

这就是犹太人的伟大之处，他们虽然深受苦难、屡遭迫害，但他们记住的却是感恩而非复仇。犹太人把感恩看得如此重要，因为他们曾深切感受到苦难的意义，所以对别人的点滴恩惠都会报以最诚挚的谢意。

在水中放进一块小小的明矾，就能沉淀所有的渣滓。人如果在心中培植一种感恩的思想，就可以沉淀许多浮躁、不安，消融许多不满、不幸。将点滴恩情铭记于心，在经历了惨痛的遭遇之后，并没有留下深重的仇恨情绪，而是对那些帮助过自己的人心怀感恩，这就是饱经艰辛的犹太人历尽苦难之后，体会到的感恩的真谛。

感恩会使生活变得更加美好。伟大的犹太科学家爱因斯坦在《我的世界观》一书中写道："我每天上百次地提醒自己，我的精神生活和物质生活都依靠着别人(包括生者和死者)的劳动，我必须尽力以同样的分量来报偿我所领受了的和至今还在领受着的东西。我强烈地向往着俭朴的生活，并且时常为发觉自己占用了同胞过多的劳动成果而感到难以忍受。我认为阶级的区分是不合理的，它最后所凭借的是暴力。我也相信，简单淳朴的生活，无论在身体上还是在精神上，对每个人都是有益的。"

马尔克斯是《百年孤独》的作者，他年轻时供职于波哥大《观察家报》，1955 年，亡命巴黎。海明威曾经说过，巴黎是节日。但在马尔克斯看来，它却是座熬人的"炼狱"。

马尔克斯穷困落魄，举目无亲。多年以后，他是这样回忆的：没有工作，一人不识，一文不名。因为语言不通，他无法出去找活干，只能在旅馆待着，忍受着煎熬。他整天饥肠辘辘，实在生活不下去了，他就出去捡破烂，换上几口吃的。

这样的生活他过了整整两年。但是他在痛苦的期待和期待的痛苦中居然奇迹般地活了下来。后来他才知道，许多拉丁美洲的流亡者都有过与他类似的经历。

马尔克斯住在弗兰德旅馆，他根本没有钱交房租。不过，弗兰德旅馆的老板拉克鲁瓦夫妇不但不催不逼，最后似乎还不得不由马尔克斯徒托空言一走了之。在《百年孤独》出版之后，马尔克斯成为举世闻名的人物，他的经济状况也得到了改善。

有一天，马尔克斯想起了在弗兰德旅馆的落魄生活，想起了曾经帮助过他的旅店老板拉克鲁瓦夫妇。于是他悄悄来到弗兰德旅馆。旅馆依然如故，只是物是人非，他再也见不到拉克鲁瓦先生了。好在老板娘尚健在，她一脸茫然，根本无法将眼前这位西装革履、彬彬有礼的绅士同十多年前不付旅费一走了之的流浪汉联系在一起。马尔克斯请老板娘一定要收下他当年欠下的房租和他的一点儿心意。

拉克鲁瓦夫妇用善良让一个可怜的文学青年不必流落街头，让马尔克斯在最艰难的时候尚能感受到人间的温暖，帮助他走过了那段充满阴霾的日子。

**感恩是一种美德，知恩图报是具体的表现。懂得感恩的人不管在何种际遇下都不会忘记报答恩人、回馈社会、造福他人。让我们以感恩之心体会世间的温暖与幸福吧！**

## 培养和气的性格

《塔木德》说："坑蒙顾客就是播种仇恨，和气的微笑带来的则是滚滚财源。"

犹太人认为，说话和蔼可亲，做事的时候表现和善的人容易成功。其实，这种现象在心理学上有一种说法，叫"亲和效应"。

"亲和效应"是人们在人际交往中很重要的一个法则。和气的人，会让周围的人感觉容易接近。而这种相互接近，会使交往对象之间萌生亲切感，从而使得关系更近一步。

与人交往，重在和气，这是成功建立人际关系的第一步。犹太人总是用和气、谦恭的态度，赢得人们的信任，从而利于达到自己的目的。

有这样一个故事：

在一个市场里，有一个犹太妇人摊位上的生意特别好，这引起了其他人的嫉妒。后来，她的店门口常有一地的垃圾，但这位妇人从不高声叫骂，她也不计较，不说什么，每每见到，总是把垃圾扫到自己摊位的角落。慢慢地，她的摊位前再也没有出现过垃圾。

这则故事，让我们看到了人性内在的美与善良。面对他人给出的难题，我们应像这位妇女一样，尽量化干戈为玉帛，化诅咒为祝福，大事化小，小事化了，体现宽容的气量。

犹太商人在生意场上总是以和气与笑脸面对他人，即使与自己存在意见上的分歧时，他们也能做到微笑着否定。面对对方发脾气，他们在告别的时候仍不忘道声“再见”。如果第二天早上又见面，他们仍能真诚地和对方打招呼。这就是犹太人的交往之道：人际关系中“以和为贵”。

美国希尔顿酒店的创始人康德拉·尼古逊·希尔顿出生于一个小皮货商贩之家。

1919年，希尔顿接过父亲的2000美元，连同自己积攒的3000美元，开始了他的经商之旅。很多年之后，希尔顿的资产奇迹般增长到5100万美元，他欣喜地把这一成绩告诉了母亲。想不到，他的母亲却说：“依我看，你跟从前没有两样……事实上你必须把握住比5100万美元更值钱的东西，要想办法让每一个住过希尔顿酒店的人再来住，你要想出一种简易、不花本钱而行之久远的办法去吸引顾客。”

母亲的话给了希尔顿很大的启发，同时也使他陷入了迷惘。希尔顿反复思考，并亲自去逛商店，住旅馆，以一名普通顾客的身份去亲自体验、感受。功夫不负有心人，他终于找到了答案：和气生财。

于是，希尔顿实行了“以微笑服务体现和气生财”的经营策略。即使在此后的经济危机中，希尔顿酒店的服务员脸上也仍一如既往地带着微笑。结果，经济萧条一过，希尔顿酒店就率先进入新的繁荣时期。

今天，希尔顿酒店已在世界五大洲的各主要城市开设了数百家分店，年营业额超百亿美元。这在很大程度上是希尔顿“和气生财”的理念所致。

经商也是在做人，做人做到位，生意就不会太差。犹太人生意的运作其实也是人际关系的运作，他们认为人际关系也是一种生产力。因而，犹太人在与他人交往的过程中始终保持和气，与周围的人相处融洽。

劳伦是位女商人。她平日穿着时髦的衣服，处处讲究品位。后来劳伦搬到了西南部的一个小城镇上。尽管她喜欢这个城市和这里的居民，但是她感到自己不太受欢迎。

后来，邻居对劳伦说，她的穿着和交谈方式让当地人觉得她在装腔作势，给人高人一等之感。从那以后，劳伦开始改变，她像当地人那样穿着随意，经常与人谈论当地的事情，频繁参加社交活动，试着让别人觉得自己容易接近。虽然一开始劳伦也不舒服，比如，不习惯穿粗布的衣服，不习惯谈论经营牧场，但是慢慢地劳伦发现，她与邻居和同事交流变得容易多了。

这就是“亲和效应”的具体体现。心理学研究表明，每个人的外表都直接或间接地反映了他的内心。比如，服装、说话的方式、每一个动作、每一个眼神，都在告诉别人你是否友善，是否愿意和其交往。如果你表现孤傲，或对他人不屑，他人会觉得与你很难相处，也就不会愿意和你交往了。

在与人交往的时候，会有这样一种倾向，即看起来比较亲和的人，人们会更乐于亲近他。因为大家潜意识里把亲和的人当作是“自己人”，觉得可以轻松地与之交谈、交往。

罗宾和几位同事一起参加一个酒会。其中一位同事有说有笑，在讲过去做的一些有意思的事情。然而这些故事罗宾以前听过，所以他显得有些厌烦。

罗宾想和聚会上其他客人聊一聊，但是其他的人更多的是围着他的那位同事倾听。

“曲高和寡”在人际交往中是一个大忌，如果你高高在上地俯视众人，那么，大家就会远远地看着你而不会真正地与你“走近”。所以，掌握一些简单、易学的技巧，提高自己的亲和力，你就可以成为一个受人喜爱的人了。

**(1)平易近人**

要做一个平易近人的人，与别人打交道时就要注意营造轻松的气氛。也就是说，在和别人打交道的时候，不要让对方有一种紧张感。有的人总是给人一种难以接近的感觉，而这样的人自己也觉得痛苦，认为别人不理解自己，这实际上是一个在交往中难以克服的障碍。

平易近人的人大多心胸开阔，不爱计较，与人能很好地相处，他们的言谈举止也都很自然，并且会营造出一种舒适、愉快、友好的氛围。

**(2)为他人着想**

如果一个人总是设身处地地为他人着想，就不会让他人觉得紧张、拘束，更不会让他人觉得尴尬、难堪。

据说，莎士比亚就很善解人意。在和别人交往的过程中，莎士比亚就像一条“变色龙”，能根据交往对象的不同特点，随着时间、地点的变化，随机应变。

**(3)有宽广的胸襟**

待人接物落落大方、不卑不亢，胸襟宽广，不对别人态度冷淡，也不对别人生气，这样的人到哪儿都是“香饽饽”。

**(4)具有良好的品格**

某所大学的心理学系对100个受人喜爱和令人讨厌的人的个性特征作了科学分析，研究结果表明：一个人要想赢得别人的喜爱，就必须具备46个引起人们好感的个性特征，如忠诚、正直和有爱心。也就是说，你要想为他人所接受，就必须具备许多优良品格。

**(5)能够仔细分辨别人的动机**

一个社交能力强的人，必定会考虑到自己行为的后果，会预测到别人的可能行为，而所有这些，都是在相关因素可能变动的情况下做出的。因此，只有认知能力较强、善于察言观色的人，才能在复杂多变的情况下应对自如。这种人际交往智慧每个人都有，关键是怎样使之不断增强，怎样把人际交往中的智慧在生活中发挥出来。

**(6)不断克服自身的弱点**

如果你不是很擅长和别人打交道，时常给人以刻板、严肃的感觉，你就应该在自己身上找找原因，而且要下决心改掉自己刻板、严肃的形象。要做到这一点，就必须非常诚实，敢于“解剖”自己，甚至还需要接受一些性格方面的训练。比如，对性格方面所谓的“弱点”进行分析、优化，通过一些方法进行训练，慢慢地将这些弱点或缺点克服。

**(7)常送别人祝福**

学会为别人祝福是非常重要的，因为当你为别人祝福的时候，你和别人之间的关系往往就会上升到一个新的高度。当你向别人坦露出最美好的情感时，别人也会向你坦露出最美好的情感。如此一来，亲密的关系便能建立起来了。

**(8)尊重他人**

你尊重他人，他人也会尊重你；你喜欢他人，他人也会喜欢你。

在人际交往中，尊重别人是赢得他人喜爱的一个重要因素。对每一个人来说，都希望自己的自尊心得到满足，希望自己被他人了解、尊重、赏识。所以，不要随便贬低他人，不要随意伤害他人的自尊心，因为，只有尊重他人，他人才会喜欢你。

如果你到现在还没有建立起和谐的人际关系的话，不要认为一切都不可能改变，你可以采取上面的技巧去解决这一问题。只要你愿意为此付出努力，你完全可以改变自己，成为一个和气的人，这样你就会拥有更多的朋友。

改变，什么时候都不晚。

# 人品重于商品

《塔木德》说："默默地关怀与为别人祈祷，是一种无形的行善。"

人是具有社会性的，任何人都不可能独立地生活，必须依靠其他人，需要由多个人组成的群体来维系每个个体的生存，因此在一定程度上也可以说，人们是彼此为了对方而存在的。

既然如此，人要想使自己生活得更好、更舒心愉悦、更事业有成，就必须使自己拥有与他人和谐相处的能力，在彼此和谐中一同成长；同时，广交朋友，关心朋友，对朋友的困难真诚地施以援手；还必须约束自己，宽恕他人，理性做事，虚心地学习，快乐地生活。

犹太人认为，人品重于商品，好人品是一个人有涵养的象征。播撒祝福给别人，自己也会收获成功和幸福。

乔·吉拉德被认为是世界上最伟大的推销员。他是一名汽车推销员。他认为：卖汽车，人品重于商品。一个成功的汽车销售商，首先要有一颗尊重别人的心。授人玫瑰，手有余香。多为别人着想，也是为自己着想。

有一天，一个中年妇女从对面的福特汽车销售商行出来，走进了吉拉德的汽车展销室。

妇女说自己很想买一辆白色的福特车，和她表姐开的那辆一样，但是福特车行的经销商让她过一个小时之后再去，所以她先到这儿来瞧一瞧。

“夫人，欢迎您来看我们的车。”吉拉德微笑着说。

妇女兴奋地告诉他：“今天是我55岁的生日，我想买一辆白色的福特车送给自己作为生日礼物。”

“夫人，祝您生日快乐！”吉拉德热情地祝贺道。随后，他轻声地向身边的助手交代了几句。

吉拉德领着妇女从一辆辆新车面前慢慢走过，边看边介绍。来到一辆雪佛莱车前时，他说：“夫人，您对白色情有独钟，瞧这辆双门式轿车，也是白色的。”

就在这时，助手走了进来，把一束玫瑰花交给吉拉德。吉拉德把这束漂亮的花送给妇女，再次对她的生日表示祝贺。

那位妇女非常感动，激动地说：“先生，太感谢您了，已经很久没有人给我送过礼物了。刚才那位福特车的经销商看到我开着一辆旧车，一定以为我买不起新车，所以在我提出要看一看车时，他就推辞说需要出去收一笔钱，我只好上您这儿来等他。现在想一想，也不一定非要买福特车不可。”

后来，这位妇女就在吉拉德那儿买了一辆白色的雪佛莱汽车。

诚然，我们不能说这位妇女一定是因为一束玫瑰才决定买吉拉德的汽车的，但至少那束玫瑰使这位妇女感受到了温暖与爱心，而温暖与爱心是最能打动人心的东西。这笔生意充分体现了吉拉德的待人处世之道。

每个人在生活中都需要有良好的人际关系。良好的人际关系，就是能与别人相处融洽，互帮互助。一个微笑、一束鲜花、一句问候、一声赞叹、一次帮助，都是向别人表达善意的机会。相反，不懂得为他人着想、不愿付出的人，做事情往往会以失败告终。生意场上这种现象极为常见。

英国之所以能成为世界强国，海运事业的高度发达起到了重要的作用。酒店、咖啡店等地方成了很多闯荡大海的人的必到之地。

1960 年，劳埃德在英国的泰晤士河边开了一家咖啡馆。很快，这家咖啡馆就成了船老板、商人、船员等聚会的地方，很多信息都在这里交流，这里成为一个信息集散地。

出海的人在这里畅谈海外的奇闻逸事，回首航海中的风雨历程，有喜怒哀乐，有悲欢离合。有的人高兴地庆贺自己一帆风顺，满载而归；有的人哀叹自己海上遇险，血本无归。劳埃德在一旁听着，心中默默地想：要是能帮这些幸或不幸的人做点儿什么就好了。

一天，劳埃德听到一个海员在喝咖啡的时候说，有一个伦巴第人在搞海运保险。这随随便便的一句话，在劳埃德的心中却掀起了波澜。

劳埃德想："我何不利用现在的条件，与这些老顾客们联手搞海运保险呢？这样可以让这些经常奔波在大海上的人有安心的保障，他们即便出了意外也不会沦落到缺衣少食的地步。"

劳埃德把计划告诉别人，很多人都说，这生意风险很大，大海无情，海浪很容易把一条大船掀翻，你赔得起吗？这就等于拿着钱往大海里扔！

劳埃德有些犹豫，不断地咨询那些从事海上贸易的老板，老板们对此很感兴趣。接着，很多船长、船员、货主、商贩等纷纷表示，如果哪个人愿意来搞海运保险，他们都参加。这些人态度明确，在有了保障的前提下，谁都想碰碰运气，这样即使失败了，也不会血本无归。

有了这些人的支持，劳埃德终于下定了决心，将保险公司开了起来。

不出所料，劳埃德的保险公司生意一下子就火起来了，昔日一个小小咖啡店的老板，最终摇身一变，成了保险业的领军人物。

劳埃德保险公司后来的发展是很迅猛的，公司的业务除了海运保险外，大到火箭发送、人造地球卫星升天、受到战火威胁的超级油轮，小到电影明星的漂亮面容等也都包括在内。

劳埃德成为让英国人引以为傲的世界上最大的保险业巨头！

**劳埃德的做法让很多人感动于他的爱心，也佩服他的敏锐眼光。成功的商人大多是这样的。下例中，洛克菲勒“先给予”的举动让我们看到，愿意付出的人也会收到付出的巨大回报。**

第二次世界大战后不久，战胜国决定成立一个处理世界事务的联合国。可是联合国设在什么地方，一时间成了一个颇费周折的问题。

按理说，联合国的地点应该设在一座繁华的城市。可是，买土地要花费大量的资金。而刚刚起步的联合国总部无力支付这样一大笔巨款。

正当各国的首脑们踌躇的时候，美国的洛克菲勒家族知道了这个消息，立即拿出870万美元的巨资在世界级的大城市纽约买下了一块土地，然后，无偿捐给了联合国，并且同时买下了这块土地周围的全部土地。

联合国大厦建起来之后，周围的土地价格立即飙升上去。没有人能够计算出洛克菲勒家族经营这片土地到底赚回来多少个870万美元。

洛克菲勒家族之所以能够收获这些丰厚的回报，一方面是因为他们本身作为商人精明独到的投资眼光，另一方面是因为他们播下了一粒爱心的种子，从这颗种子中长出的却是无尽的财富。

**洛克菲勒家族的成功告诉我们：想收获就必须“先给予”，多为别人着想，多为社会着想，付出你的关心、热心和真心，收获一定是不可估量的。**

# 家是爱的港湾

《塔木德》说："像爱护你自己一样爱你的妻子，好好保护她，不让她哭泣，因为神将一滴一滴地计算着她的眼泪。"

有人将家庭比作避风的港湾，有人将家庭比作温馨的摇篮。这说明了一个事实：人人都渴望拥有一个和谐幸福的家庭。

犹太人重视家庭和睦，认为幸福的家庭胜过成功的事业。

现今，社会上有很多重事业而轻家庭的人。但是实际上，事业与家庭，是维系人的根本支柱，缺一不可，两者相辅相成、互相促进。家庭是事业的基础，美满幸福的家庭，会让人的事业如虎添翼；而危机四伏的家庭，人不仅事业受阻，也无快乐可言，更无幸福。因此，经营好家庭，是事业成功的重要保障之一。

英国某小镇有一个小伙子，整日以沿街卖唱为生。镇上还有一个妇女，远离家人，在这儿打工。他们总是在同一个小餐馆用餐，于是频频相遇。

时间长了，他们彼此已十分熟悉。一日，妇女关切地对那个小伙子说："不要沿街卖唱了，去找一个正当的职业吧。你完全可以拿到比你现在高得多的薪水。"

小伙子听后，先是一愣，然后反问道："难道我现在从事的不是正当的职业吗？我喜欢这个职业，它给我也给其他人带来欢乐，有什么不好？再说，我的家就在这个小镇，若让我远渡重洋，抛弃亲人，抛弃家园，我认为生活就没有了意义。"

在这个小伙子眼中，家人团聚，在一起享受温馨，才是最大的幸福。

当然，看重家庭绝不是说要放弃事业，因为事业不是必须要牺牲家人利益才能做到的事情。上述案例中的年轻人不就很喜欢自己的事业吗？即使是卖唱，这也是他喜欢做的事。他觉得这样既兼顾了家人，又为自己喜欢的事业在奋斗，自己既幸福又快乐。

和谐的家庭环境对一个人未来的发展起着极为重要的作用。人不能只顾着赚钱，只顾着自己的事业，还应兼顾家人。给家人带来爱，在家庭中享受爱，这样的人生才是完整的，这样的生活也才是有情趣、有色彩、有动力、有希望的。我们应该用爱心来营造家庭的和谐氛围，每时每刻都提醒自己：爱是生活的最高原则，亲人胜过一切财富。

在南非种族分裂内战时期，许许多多的家族备受战乱之苦，支离破碎，房屋被摧毁，人们被屠杀。

有一个大家庭原来有几十口人，最后只剩下一个老祖母和一个小孙女了。然而二人又离散了，老祖母在年事已高、病入膏肓之时，得知小孙女还在人间，便决心要找到她的小孙女，要不然，她睡不着，也吃不香。

老祖母历尽千辛万苦，辗转数万公里，找遍了整个非洲大陆，最后一刻，终于找到了她的小孙女。她激动地和小孙女紧紧拥抱在一起，说了一句意味深长的话："有家了！"

**在老祖母的心中，她需要爱她的亲人，需要亲情，两个相互牵挂的人在一起就是家啊！家在这里上升为一种信仰，一种支撑老祖母活下去的精神力量。概括地说，家是爱的聚合体。天下之家，皆为爱而聚，皆因无爱而散。**

**有这样一个故事：**

他是一个劫匪，因杀人坐过牢，穷途末路又去抢银行。抢劫中遇到了两个工作人员的拼命反抗，他劫持了其中一个女孩子。警车很快赶来，越来越近。他被警察包围了，警察让他放下枪，不要伤害人质。

他疯狂了："我身上有好几条人命，怎么着也是个死，无所谓了。"说着，他用刀子在女孩颈上划了一刀。女孩的颈上渗出了血滴。

女孩流泪了，知道自己碰上了亡命之徒，知道自己生还的可能性不大了。

“害怕了？”劫匪问女孩。女孩摇头，说：“我只是觉得对不起哥哥。”“你哥？”“是的，”女孩说，“我父母双亡，是我哥把我养大的，他为我卖过血，供我上学。他都 28 岁了，可还没结婚呢，他和你差不多大。”劫匪的刀子从她脖子上又落了下来，劫匪狠心地说：“那你可真是够不幸的。”

警察们继续喊话，劫匪却无动于衷。劫匪身上不仅有枪，还有雷管，可以把警车引爆，但劫匪忽然想和女孩聊聊天，因为他的身世同样不幸。他的父母很早就离了婚，他也有个妹妹，他妹妹也是他供着上了大学，但他不想让他妹妹知道他是杀人犯。

女孩向劫匪讲着小时候的事，说自己的哥哥居然会织手套，在她 13 岁来例假之后曾经去找一个 20 多岁的女孩子帮她。她一边说一边流眼泪。劫匪看着前方，看看那些喊话的警察，再看看身边讲话的女孩，他忽然感觉这世界是那么美好，但一切已经来不及了。

劫匪拿出手机，递给女孩：“给你哥打个电话吧。”女孩平静地接过来，知道这是和哥哥最后一次通话了，所以，她几乎是笑着说：“哥，在家呢？你先吃吧，我在单位加班，不回去了……”

这样的生离死别竟然被女孩说得如此平常，劫匪想起自己的妹妹也和他说过同样的话。他看着这个女孩，听着她和自己哥哥的对话，劫匪哭了。

“你走吧。”劫匪说。女孩简直不敢相信自己的耳朵。“快走，不要让我后悔，也许我一分钟之后就后悔了！”女孩回头看了劫匪一眼。她永远不知道，是那个电话救了她，是那个电话唤醒了劫匪心中最后仅存的善良，那仅有的一点儿善良。女孩走到安全地带，看到警察将劫匪铐了起来。

事后，很多人问女孩到底说了什么让劫匪居然放了她。女孩平静地说：“我只说了几句话，我对我哥说的最后一句话是：‘哥，天凉了，你要注意添衣服。’”

这个故事中，兄妹之间的爱感动了劫匪，将世界上最难以化解的残忍冷酷融化。可见，亲人之爱是多么伟大的力量！

家是爱的港湾，我们都停泊在这港湾里。不管世界上发生了什么不可抗拒的灾难，不管人生多么艰难，我们都不用怕，因为只要有一个温暖的家，再困难我们也觉得有可以依靠的“支柱”。

# 报答父母是最等不及的事

《塔木德》说:“青春的价值，只有年老了才能认识。”

犹太人认为，报答父母不能等。不要说等到自己真正有钱了有车了才去孝顺父母，其实父母需要的并不是那些物质方面的东西，他们需要的是儿女的真诚关怀和嘘寒问暖。

数年前，《机会》杂志在意大利的米兰创刊。为了能一炮打响，董事长亨利·肯德里提议，请比尔·盖茨来写发刊词。后来，比尔·盖茨答应在纽约开往内罗比的飞机上，可接受一刻钟的采访。

记者为采访草拟了三个问题，其中第一个问题是：您认为最不能等待的事是什么？比尔·盖茨说:“根据我的经验，我认为天下最不能等待的事是孝顺父母。”

是啊，在这个世界上，有很多事情都可以等待。我们可以在拥挤的公交站牌前等待下一辆缓缓开来的车；我们可以亲手栽下一棵小花苗，然后等待着它的绽放。但我们的父母，却没有那么多的时间等着我们去报答。当我们羽翼渐渐丰满，可以展翅高飞的时候，他们却驼了背，弯了腰。

其实，人世间最难报答的就是父母的恩情。因为，父母需要我们做的并不多，一句温馨的问候、一碗喷香的面条、一次散步时的搀扶、一次无言的陪伴……这些似乎都不难做到。但是很多人终日为自己的家庭、事业忙碌着，一年也和父母见不了几次面。

古往今来，以“孝”闻名的人到今天仍在历史长河中散发着恒久的馨香。我们要做的，不仅仅是缅怀故人，更要从现在起孝顺父母，因为一旦留下“子欲养而亲不待”的遗憾，再后悔也只能是空悲叹了。

有一位朝九晚五的上班族，在为工作埋头忙碌了整个冬季之后，终于获得了两个星期的休假。他计划利用这个机会到一个风景秀丽的观光胜地去旅游，泡泡音乐厅，交些朋友，喝些好酒，随心所欲地放松一番。

临行前一天下班回到家，他十分兴奋地整理行装，把大小箱子放进车厢。第二天早上，出发前，他拨了一个电话给母亲，告诉她自己度假的计划。

母亲说："你会不会顺路经过我这里？我想看看你，和你聊聊天，我们很久没有团聚了。"

他说："妈！我也想去看您，可是我时间有点儿赶，同人约好了见面的时间。"

母亲说："那就算了，你好好地去玩吧，我会惦记着你。"

当他的车正要开上高速公路时，他忽然记起来，今天是母亲的生日。于是他绕回一段路，停在一个花店门前，打算买些鲜花，叫花店送去给母亲，他知道母亲喜欢花。店里有个小男孩，正在为一束玫瑰付账。小男孩面有愁容，因为发现自己所带的钱不够，少了10块钱。

他问小男孩："这些花是做什么用的？"

小男孩说："送给我妈妈，今天是她的生日。"

他听后，拿出10元钞票为小男孩凑足了花钱。

小男孩很高兴地说："谢谢您，先生，我妈妈会很感激您的慷慨的。"

他说："没关系，今天也是我母亲的生日。"

小男孩满脸微笑地抱着花转身走了。

他选好了一束花，付了钱，给花店老板写下了母亲的地址，然后发动车，继续上路。

他开出一小段路，转过一个小山坡时，看见刚才碰到的那个小男孩正跪在一个墓碑前，把花放在墓碑上。小男孩也看见了他，挥挥手说："先生，我妈妈喜欢我给她的花。谢谢您，先生。"

他把车开回花店，找到老板，问道："我订的花是不是已经送走了？"

老板摇摇头，说："还没有。"

他说："不必麻烦你了，我要自己送去。"

现实给人们的无奈太多，很多人与父母远隔，很多人因为事业心力疲惫，很多人无暇顾及父母的感受。但你可曾想过，自己长了一岁，父母也就老了一岁，当你"位子"、妻子、房子、车子、票子一切俱足时，父母是否还有健康的身体？是否还能和你同享幸福的生活？

所以，报答父母，要从现在做起，从自己做起。行孝，不是口头上的理论，它需要怀揣着一颗赤诚的心去行动，也许是一句暖心的话，也许是一杯温热的牛奶，你都可以从中捕捉到父母脸上那一丝欣慰的微笑。

父母养育我们这么大，他们图什么？他们图的只是我们能拥有美好的未来。我们亏欠父母的，一世都还不完。所以，暖心的行为又算得了什么？从现在起，尽量抽出时间，帮父母做些力所能及的小事，让父母高兴，让自己心安，何乐而不为？

吴雨是一个在农村长大的孩子，他是他们村的第一个名牌大学生。父母是贫困而朴实的农民，为了供吴雨念书，他们从不舍得多花一分钱，就是去县城卖菜，也要步行翻山过去，不舍得花钱坐车。

父母十几年从未买过一件新衣，家里也几乎没有一件像样的家具。吴雨从学校拿回重点大学的通知书的那天，父母结伴站在村口的梧桐树下等着他。吴雨猛然发现父母老了许多，皱纹代替了笑容，乌丝变成了白发。

出门读书那天，吴雨让父母等着他，他说他会出人头地，会来接他们去城里住高楼、坐汽车。

父母只是轻轻地点了点头，说："快上车吧，你好我们就好了。"

四年大学，吴雨意气风发，四年之后，他得偿所愿。当生活一切都安排好的时候，他再次回到了家乡，却看见门帘上贴着白色的对子。母亲告诉他，父亲因为整修房子舍不得花钱，自己爬上房梁，摔了下来……走的时候，还念着儿子的名字，说："不能享他的福了。"

吴雨失声恸哭。

这真是"子欲养而亲不待"啊！报答父母是最等不及的事。或许你总是埋怨工作太多，距离太远，有心而无力；或许你身处陌生的城市，拿着微薄的收入，买不起好房子让他们居住。其实，父母需要的并不是你给他们物质上的回报，他们需要的只是见见久未谋面的你。

我们在父母的生日时，在逢年过节时，可以暂且停一停手中的工作，将那些忙碌的计划先放一放，因为我们的父母正在家盼望着我们回去。虽然他们也渴望享受外面五彩缤纷的世界，但他们更渴望身边有一双搀扶自己的手。经常给父母打个问候的电话或者发个温暖的短信，再或者安排一下近期去看望他们吧，趁父母还健在，多多珍惜在一起的时光，多尽一下我们的孝心！